致密砂岩气藏水相圈闭损害及其防治

刘雪芬　著

中国石化出版社

内 容 提 要

本书阐述了致密砂岩气藏在我国能源需求中所处的地位，分析了典型的致密砂岩气藏地质特征及在钻完井过程中的水相圈闭损害，简述了油气层损害及其机理、储层损害常规评价方法及预防措施，通过相圈闭系数法和水相圈闭损害评价实验，综合诊断致密砂岩气藏中毛管自吸和液相滞留造成的水相圈闭损害程度，重点阐述了如何通过处理岩石－水－气界面防治钻完井过程水相圈闭损害、提高致密砂岩气藏气体渗流能力，优选界面修饰预防水相圈闭损害的表面活性剂、开展氟表面活性剂常规性能及保护储层潜力的效果评价，并进一步探讨了岩石－水－气界面处理预防水相圈闭损害机理。

本书吸收了最新的教学与科研成果，可供石油工程类专业本科生、研究生，大专院校、科研院所专家学者阅读和参考。

图书在版编目（CIP）数据

致密砂岩气藏水相圈闭损害及其防治/刘雪芬著.
—北京：中国石化出版社，2020. 8
ISBN 978－7－5114－5911－4

Ⅰ. ①致…　Ⅱ. ①刘…　Ⅲ. ①致密砂岩－砂岩油气藏—油气田开发—研究　Ⅳ. ①P618. 130. 8②TE343

中国版本图书馆 CIP 数据核字（2020）第 146729 号

中国石化出版社出版发行

地址:北京市东城区安定门外大街 58 号
邮编:100011　电话:(010)57512500
发行部电话:(010)57512575
http://www. sinopec-press. com
E-mail:press@ sinopec. com
北京柏力行彩印有限公司印刷
全国各地新华书店经销

*

710×1000 毫米 16 开本 9. 25 印张 158 千字
2020 年 8 月第 1 版　2020 年 8 月第 1 次印刷
定价:58. 00 元

前　　言

致密砂岩天然气在储量增长和能源供应方面正发挥越来越重要的作用，将成为常规油气资源的接替者和保障世界油气资源供应的主角之一。但低孔、低渗、孔喉细小、毛管现象突出、黏土矿物丰富等地质特征使这类储层表现出高损害潜力，尤易产生毛管自吸现象，侵入液相返排困难，使得水相圈闭损害突出，增大开采难度，增加作业成本。如何科学、有效地预防或治理致密砂岩储层发生水相圈闭损害，是实现经济、合理、高效地开采致密砂岩气的关键之一。

本书第 1 章分析了致密砂岩气藏在我国能源需求中所处的地位、典型的致密砂岩气藏地质特征及其在钻完井过程中的水相圈闭损害。第 2 章简述了油气层损害及其机理、储层损害常规评价方法及预防措施。第 3 章分析了水相圈闭损害概念与机理，通过相圈闭系数法和水相圈闭损害评价实验，综合诊断了致密砂岩气藏中毛管自吸和液相滞留造成的水相圈闭损害程度。第 4 章概括了表面活性剂在储层损害防治中的应用，优选可用于界面修饰预防水相圈闭损害的表面活性剂。第 5 章开展了氟表面活性剂常规性能及保护储层效果评价实验。第 6 章通过表面吸附表征、探讨了氟表面活性剂界面修饰预防水相圈闭损害机理。

本书由刘雪芬独立编写完成，出版得到了陇东学院著作基金的资助，陇东学院能源工程学院的各位同仁在出版过程中给予了极大帮助，西南石油大学康毅力教授从学术和专业人才培养的角度多次给予了指导。本书还受到了甘肃省高等学校科研项目（2018A－097）等的支持，部分成果在《石油学报》《油田化学》《天然气地球科学》《Journal of petroleum science and engineering》《Journal of natural gas science and engineering》等期刊发表，在此一并感谢！

由于笔者水平有限，编写时间仓促，书中不妥之处在所难免，欢迎专家学者提出宝贵意见。

目　录

第1章 绪　论

天然气作为传统化石能源向清洁能源变革的桥梁，不仅是化石能源供应中近年来不断增多的低碳能源，而且是未来的主要燃料，是世界能源构成中的一个重要组成部分。20世纪70年代以来，在煤炭、石油、天然气世界三大能源中，天然气需求增长量高达60%以上。从全球范围来看，天然气资源非常丰富。据国际能源机构（International Energy Agency，IEA）估计，全球天然气可采资源量达到$1393\times10^{12}m^3$，总量十分庞大，其中非常规天然气资源量占到60%以上。在非常规天然气中，致密砂岩气、煤层气、页岩气分别占比达到23%、28%、49%，且分布较不均匀，主要分布在中东、原苏联地区。当前，我国天然气能源被广泛应用，国内各大油田都在积极开采，在世界能源市场不稳定、国际竞争加剧背景下，天然气工业的持续稳定发展，关系着国家经济总体走势。

1.1 致密砂岩气藏在我国能源需求中所处的地位

21世纪是天然气的时代，致密砂岩天然气在储量增长和能源供应方面正在发挥越来越重要的作用。致密砂岩气藏勘探与开发有着悠久的历史。1995年美国地质调查局提出了“连续型油气藏”概念，认为连续型气藏是与水对气体的浮力无直接关系、受水柱影响不大的气藏。这一时期我国也引进了“连续型油气藏”的概念并进行深入研究；随后我国学者张金川等提出的“根缘气”的概念，逐渐多的学者以“致密砂岩气藏”为对象，在成藏机理、分布、分类等方面开展深入研究。2011年中国国家能源局正式发布《致密砂岩气地质评价方法》，制定了致密砂岩气的行业标准。同时，我国鄂尔多斯盆地上古生界和四川盆地上三叠统须家河组大型致密砂岩气田勘探也取得了突破性进展，致密砂岩气进入了快速发现与开采阶段，成为当前非常规气藏开发的主力军。我国致密砂岩气储量和产量在天然气能源结构中所占比例都超过了1/3，成为全球仅次于美国、加拿大的致密砂岩气生产大国。

目前国外所开发的大型致密砂岩气藏以深盆气藏为主，主要集中在加拿大西部和美国西部，其产量在非常规气市场中占据主导地位。我国致密砂岩气藏分布领域广泛，类型多、储量大，在四川、鄂尔多斯、吐哈、松辽、准噶尔南部、塔西南等盆地和地区皆有分布。

目前世界上现今技术可采的致密砂岩气储量为（10.5～24）$\times10^{12}m^3$，位居非常规油气藏之首。就探明储量和技术实力而言，致密砂岩气是我国最有现实勘探开发意义的非常规天然气领域。据估计，中国深盆气藏资源量将超过$100\times10^{12}m^3$（与常规天然气有部分重合），依据当前的勘探和开发技术，其资源现实可采资源量超过（11.54～13.81）$\times10^{12}m^3$。截至2008年年底，我国累计探明的低渗透天然气地质储量$4.1\times10^{12}m^3$，占全国天然气储量的63.6%；全国低渗透天然气产量达$320\times10^8m^3$，占天然气总产量的42.1%。低渗透油气资源（低渗透石油、致密砂岩气）将成为常规油气资源的接替者和保障世界油气资源供应的主力。

致密砂岩气的经济开发，不仅缓解能源供需矛盾，促进区域优势互补、良性互动和协调发展，而且可缓解资源与环境压力，促进经济结构调整和发展方式转变。

1.2 致密砂岩气藏地质特征

1.2.1 储集层分类与特点

致密砂岩油气藏属于非常规油气藏。近年来随着石油勘探和资源供需形势的巨大变化，致密油气藏越来越受到国际石油界的重视，国外致密油气的划分范围比较宽泛，国内与之对应的划分标准则涵盖了特低渗透、超低渗透和非储层三种类型，而超低渗透储层的岩石类型包括砂岩、粉砂岩、砂质碳酸盐岩、石灰岩、白云岩等，但主要以致密砂岩储层为主。超低渗透油气藏是一个相对的概念，是依据储层物性划分出的一种油气藏类型，指油层孔隙度低、喉道小、流体渗透能力差、产能低，通常需要进行油层改造才能获得工业油流的油藏。由于目前全球也没有对低渗透储层的概念达成完全一致的认识，因此还没有形成统一的低渗透油藏分类标准，不同国家根据不同时期的石油资源状况和经济技术条件来制定其标准和界限。

前苏联学者将渗透率在 $50\times10^{-3}\sim100\times10^{-3}\mu m^2$ 的油田称为低渗透油田。美国联邦能源管理委员会把渗透率小于 $100\times10^{-3}\mu m^2$ 的油田称为低渗透油田，把渗透率小于 $0.1\times10^{-3}\mu m^2$ 的储层称为致密储层。1970 年代美国天然气政策方案定义只有砂岩储层对天然气的渗透率等于或小于 $0.1\times10^{-3}\mu m^2$ 时的气藏才可以被定义为致密砂岩气藏。美国学者（1989）根据美国西部低渗透储层的孔隙度和渗透率特点，将致密砂岩储层划分为高孔隙（HP）和低孔隙（LP）两类，并与常规砂岩储层作了类比（表 1－1）。

表 1－1　常规储层和致密储层对比表

	常规含气砂岩	席状和透镜状致密含气砂岩	席状致密含气砂岩、粉砂质页岩	层状致密含气白垩
孔隙度/%	14～25	3～12	10～30（薄层、单层粉砂岩）	<25～45
孔隙类型	原生（粒间）、部分次生	一般次生（微孔洞）、部分粒间孔	原生为主，部分次生	原生孔
孔隙连通性	好—极好的短孔喉	差、较长、片状或带状毛细管系统	好、短孔喉，气体流动受黏土、小孔径和含水饱和度高的制约	极好、气体流动因孔径小、含水饱和度高而受阻碍
孔隙中黏土含量	低	高到中等	低—高	低
地球物理测井解释	在黏土含量低的储层中一般可靠	不准确、确定真实孔隙度较困难	一般不可靠（因孔隙层薄、含水饱和度高）	好，有时产生泥浆滤液侵入深度的问题
含水饱和度/%	25～50	45～70	约 40～90	约 30～70
原始气体渗透率/$10^{-3}\mu m^2$	1.0～500	0.0005～0.1	<0.1	<0.1～1.0，大多为<0.1
毛管压力	低	相对高	中等	中等—高
储集岩组分	石英丰富、少量长石和岩屑	石英（60－90），常见岩石碎屑、长石碎屑，可能有碳酸盐胶结物	石英、长石、岩石碎屑及黏土，可能有碳酸盐胶结物	粉砂粒径的碳酸钙、微体化石、少量的黏土和石英

续表

	常规含气砂岩	席状和透镜状致密含气砂岩	席状致密含气砂岩、粉砂质页岩	层状致密含气白垩
颗粒密度/(g/cm³)	2.65	2.65 ~ 2.74，在粉砂中平均2.68 ~ 2.71	未知，可能为2.65 ~ 270	2.71
储层压力	一般正常到低压	可能是低压或超压	低压	低压
天然气的地质储量采收率/%	75 ~ 90	< 15 ~ 20，对于个别储层估计偏低	未知，可能较低	30 ~ 50

Holditch（2006）给出定义：必须靠水利压裂、水平井井眼或多分枝井等增产措施才能获得经济产能或工业性气流的砂岩储层。按照我国的标准，原地有效渗透率≤$0.1\times10^{-3}\mu m^2$（绝对渗透率≤$1\times10^{-3}\mu m^2$）、孔隙度≤10%的气藏为致密气藏。

致密砂岩气藏受很多现实的和经济因素制约，气藏可深可浅、可是低压也可是高压，或低温或高温、或均质或裂缝发育，可单层或多层。我国不同专家、学者在长期的研究过程中，根据不同的研究对象提出了多种分类方案。罗谭泽、王允诚（1986）提出将渗透率小于$100\times10^{-3}\mu m^2$的油田称为低渗透油田；严衡文等（1992）在国家低渗透油气藏会议上，将渗透率大于$100\times10^{-3}\mu m^2$的储层作为好储层，将渗透率为10×10^{-3} ~ $100\times10^{-3}\mu m^2$的储层作为低渗透储层，将渗透率在0.1 ~ 10的储层作为特低渗透储层；李道品（1997）将低渗透储层的渗透率上限定位$50\times10^{-3}\mu m^2$，并提出了超低渗透的概念，按照油层的平均渗透率将低渗透油田分为三类：一般低渗透储层，储层平均渗透率为10×10^{-3} ~ $50\times10^{-3}\mu m^2$；特低渗透储层，储层平均渗透率为（1 ~ 10）$\times10^{-3}\mu m^2$；超低渗透储层，储层平均渗透率为0.1×10^{-3} ~ $1\times10^{-3}\mu m^2$。关德师（1995）定义的致密砂岩气藏是：孔隙度低（<12%）、渗透率低（<$0.1\times10^{-3}\mu m^2$）、含气饱和度低（<60%）、含水饱和度高（40%）、天然气在其中流动速度较为缓慢的砂岩层中的天然气藏。杨晓宁（2005）认为致密砂岩一般具有7% ~ 12%的孔隙度和小于$1.0\times10^{-3}\mu m^2$的空气渗透率，砂岩孔喉半径一般小于0.5μm。

中华人民共和国石油天然气行业标准《油气储层评价方法》（SY/T 6285—

1997）将低渗透含油砂岩储层分为低渗透（渗透率 $10\times10^{-3}\sim50\times10^{-3}\mu m^2$）、特低渗透（渗透率为 $1\times10^{-3}\sim10\times10^{-3}\mu m^2$）；超低渗透（渗透率为 $0.1\times10^{-3}\sim1\times10^{-3}\mu m^2$）、非渗透（渗透率小于 $0.1\times10^{-3}\mu m^2$）储层。但这种分类方法仍不能较准确地描述像鄂尔多斯盆地这些典型的低渗透油气田。结合实际生产特征，有关学者将低渗透油层上限和下限分类标准按照油层平均渗透率把低渗透油田分为下列三类：①一般低渗透，平均渗透率为 $1.0\times10^{-3}\sim10\times10^{-3}\mu m^2$，这类油层接近正常油层，油井能够达到工业油流标准，但产量太低，需采取压裂措施提供生产能力，才能取得较好的开发效果和经济效益；②特低渗透，平均渗透率 $1.0\times10^{-3}\sim0.5\times10^{-3}\mu m^2$，这类油层与正常油层差别较明显，一般束缚水饱和度较高，测井电阻率低，正常测试达不到工业油流，必须采取较大型的压裂改造和其他相应措施，才能有效地投入开发，如安塞油田；③超低渗透油田，评价渗透率小于 $0.5\times10^{-3}\mu m^2$，这类油层非常致密，束缚水饱和度高，基本没有自然产能，一般不具备工业开采价值，但如果油层较厚、埋藏较浅、原油性质较好等，同时采取一定的技术（如超前注水），就可以进行工业开采，取得效益，如华庆超低渗透油田。

随着经济不断发展、技术不断提高，人们对渗透率小于 $0.1\times10^{-3}\mu m^2$ 的含油储层又进一步分为以下几类：致密储层，平均渗透率 $0.01\times10^{-3}\sim0.1\times10^{-3}\mu m^2$；非常致密储层，平均渗透率 $0.001\times10^{-3}\sim0.01\times10^{-3}\mu m^2$；超致密储层，平均渗透率 $0.0001\times10^{-3}\sim0.001\times10^{-3}\mu m^2$，见表 1-2。

表 1-2 低渗透油气藏分类及其特征

类型	名称	渗透率/$10^{-3}\mu m^2$	部分特征参数				孔喉特征	储层评价
			排驱压力/MPa	中值半径/μm	主流喉道半径/μm	最终驱油效率/%		
Ⅰ	一般低渗透层	10.1～50	0.2362	0.6134	2.4714	55.43	中孔、中细喉	流动能力差，主流半径小，孔隙分选差，驱动压力较低，采收率>50%
Ⅱ	特低渗透层	1.1～10	0.375	0.2056	1.5309	50.92	中孔、细喉、微喉	流动能力差，孔喉配位低，喉道细，孔隙分选差，驱动压力大，采收率50%作业

续表

类型	名称	渗透率/$10^{-3}\mu m^2$	部分特征参数				孔喉特征	储层评价
			排驱压力/MPa	中值半径/μm	主流喉道半径/μm	最终驱油效率/%		
Ⅲ	超低渗透层	0.1~1	2.272	0.1173	0.11	39.53	小孔、细微喉	流动能力差，驱动压力大，开采困难，采收率低
Ⅳ	致密层	0.01~0.1	5.546	0.062		36.52	小孔、微喉、细微喉	很差的储层，孔喉配位很低，驱动压力很大，开采难度大，采收率低
Ⅴ	非常致密层	0.001~0.01	>6	0.0267				非常差的储层，可作为气层，油的盖层
	超致密层	0.0001~0.001		<0.0267				
Ⅵ	裂隙层	变化大或<10	低—中					油层或气层

随着长庆超低渗透油藏不断开发的经验积累，有关学者又根据启动压力梯度、有用孔喉体积分数、主流喉道半径和可动流体饱和度等参数进一步将油气层细化，渗透率$0.5\times10^{-3}\sim1.0\times10^{-3}\mu m^2$的储层为超低渗Ⅰ类、$0.3\times10^{-3}\sim0.5\times10^{-3}\mu m^2$的储层为超低渗Ⅱ类、$0.1\times10^{-3}\sim0.3\times10^{-3}\mu m^2$的储层为超低渗Ⅲ类，而低于$0.1\times10^{-3}\mu m^2$的为无效油层。超低渗Ⅱ类油层又被简称为$0.3\times10^{-3}\mu m^2$油层，这类油层基本上通过水平井、压裂和超前注水等实现了有效开发。综合研究表明，有用孔喉体积分数、主流喉道半径、可动流体饱和度与渗透率正相关，与启动压力梯度负相关，并提出了四元分类系数，分类如表1-3所示。

表1-3　长庆油田特低渗透油藏分类方法

分类	有用孔隙体积分数/%	可动流体饱和度/%	主流喉道半径/μm	启动压力梯度/(MPa/m)	四元分类系数	渗透率/$10^{-3}\mu m^2$
特低渗	>0.7	>0.5	>2.5	<0.05	>4.0	>1.0
超低渗Ⅰ类	0.56~0.8	0.42~0.63	1.3~2.5	0.05~0.2	1.5~4.0	0.5~1.0
超低渗Ⅱ类	0.56~0.8	0.42~0.63	0.8~1.3	0.2~0.5	0~1.5	0.3~0.5
超低渗Ⅲ类	0.42~0.7	0.35~0.52	0.35~0.8	0.5~1.1	-2~0	0.1~0.3
非有效层	<0.42	<0.4	<0.35	>1.1	<-2	<0.1

一般来说，致密砂岩储层具有渗透差、埋藏深、厚度大、压力高等特点，需实施大型的水力压裂处理才能形成商业产量，常具有低电阻率，强非均质性和泥质特征。

1.2.2 致密砂岩气藏储层物性

致密砂岩气藏储层致密、物性较差，以大邑气田须家河组储层和鄂尔多斯盆地大牛地气田为例进行分析。

经统计分析，大邑气田须家河组储层整体上物性较差，均属低孔、特低渗致密储层。其中，须三孔隙度在1.2%~3.66%之间，平均为2.7%，从孔隙度直方图知孔隙度主要分布在2%~3%，占总样品的59%；渗透率分布在（0.002~0.042）$\times10^{-3}\mu m^2$之间，平均值为0.013$\times10^{-3}\mu m^2$；须二孔隙度分布在2.08%~3.57%之间，平均孔隙度为2.92%，峰值集中在2%~3%，占总样品的84%；渗透率分布在（0.009~1.63）$\times10^{-3}\mu m^2$，平均值为0.108$\times10^{-3}\mu m^2$，峰值集中在（0.01~0.1）$\times10^{-3}\mu m^2$，占总样品的80%，如图1-1和图1-2所示。

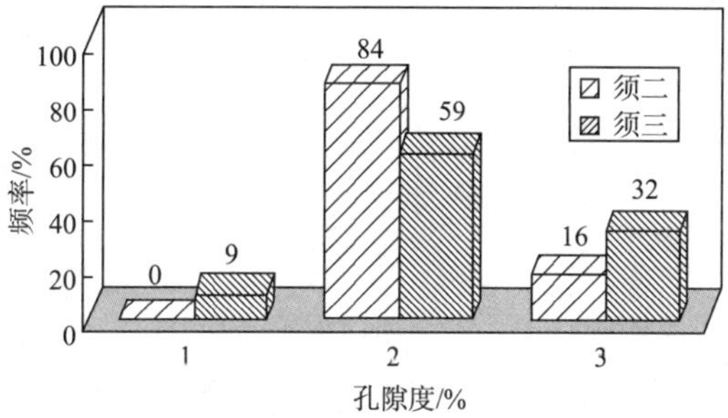

图1-1 大邑M井孔隙度直方图

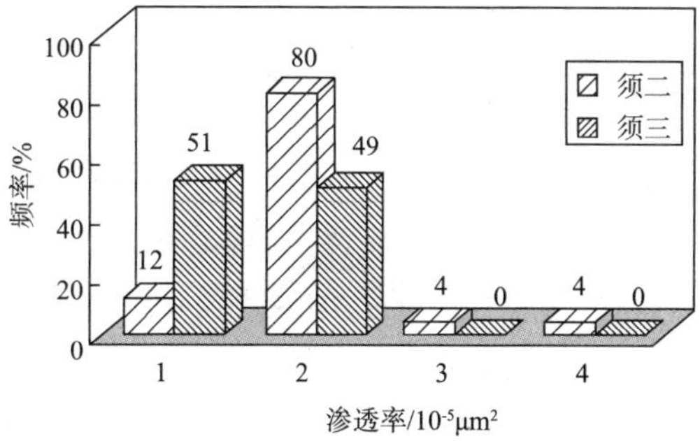

图1-2 大邑M井渗透率直方图

鄂尔多斯盆地大牛地气田孔隙度主要分布在2%～10%，平均值为7.45%；渗透率主要分布在（0.01～1）$\times10^{-3}\mu m^2$，平均值为0.47$\times10^{-3}\mu m^2$，如图1－3和图1－4所示。

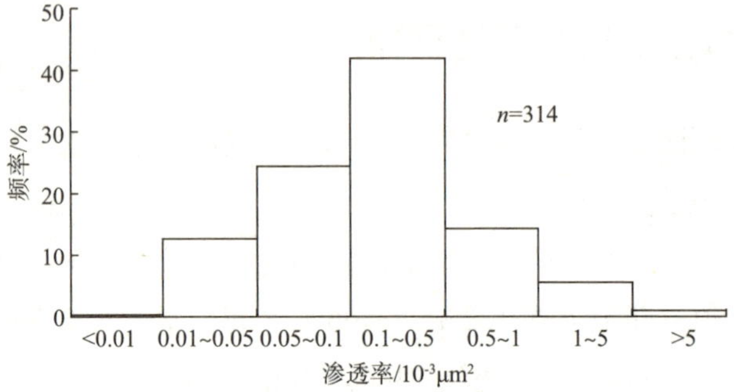

图1－3　大牛地储层渗透率分布直方图

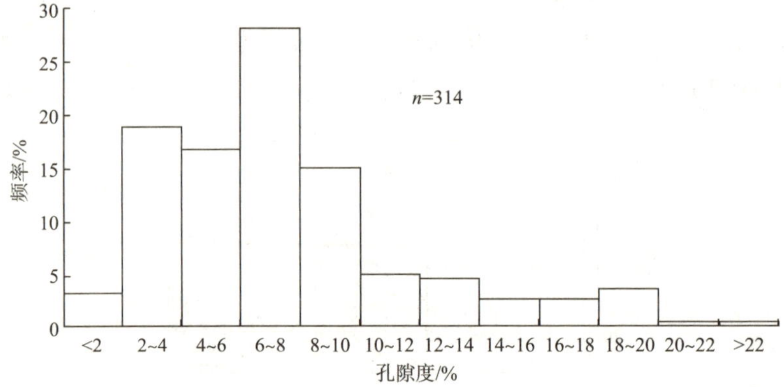

图1－4　大牛地储层孔隙度分布直方图

1.2.3　孔隙类型与结构

致密砂岩气藏主要的孔隙类型有粒间孔、次生溶孔、晶间微孔（图1－5）和微裂缝（图1－6），其中粒间孔和次生溶孔为主要的孔隙类型。微裂缝的存在，提高了岩心的渗透率，有利于开发。低渗储层主要依靠微裂缝导流，因此有较强的应力敏感性。致密砂岩储层常见孔隙喉道类型有点状、片状、弯片状、管状、管束状五种类型（图1－7）。

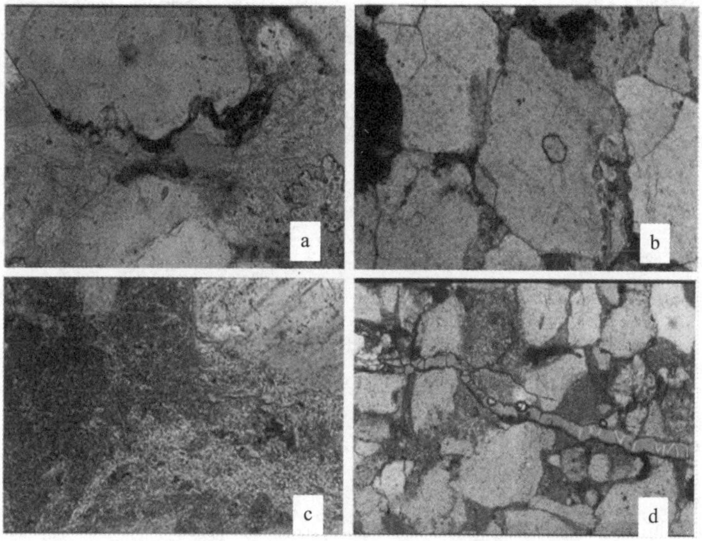

图1-5 大牛地气田上古生界气藏主要孔隙类型

a—溶蚀粒间孔，铸体薄片，2.5×10（-），D1井，P_1x^1，2739.85m；
b—粒内溶孔，铸体薄片，6.3×10（-），D10井，P_1x^1，2587.75m；
c—伊利石晶间孔，铸体薄片，6.3×10（-），D10井，P_1s^2，2678.11m；
d—微裂缝，铸体薄片，6.3×10（-），D10井，P_1x^1，2587.89m。

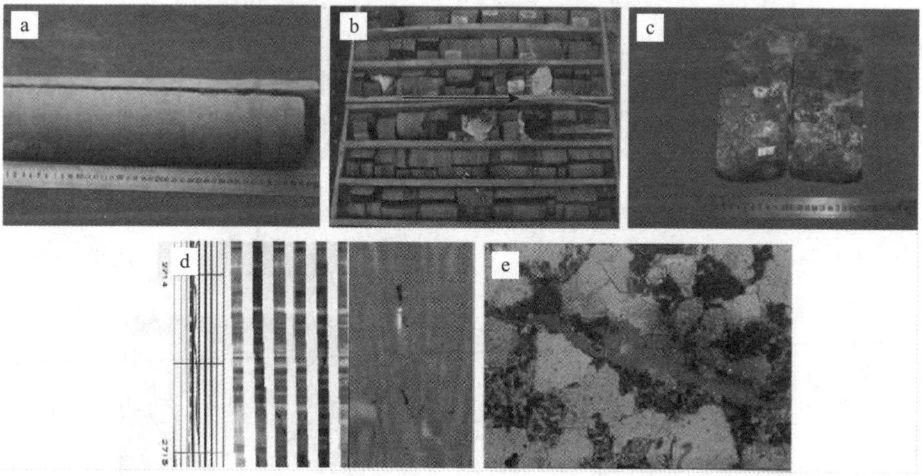

图1-6 大牛地气田上古生界气藏天然裂缝显示

a—垂缝（缝面干净无填充，D6，2527m）；b—粉砂岩及炭质泥岩中垂缝；
c—被方解石充填，D2，2881m；d—声电成像测井（高角度缝，D11，2714.5~2719.5m）；
e—铸体薄片（微裂缝，宽2~40mm）

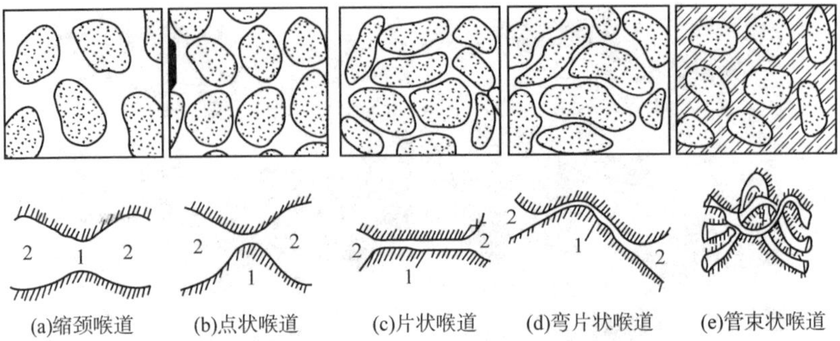

图 1 - 7　常见的孔隙喉道类型（据罗蛰潭、王允诚，1986）

1.2.4　黏土矿物发育

致密砂岩储层岩石中黏土矿物种类较丰富，总含量较小，主要的黏土矿物类型有伊利石、高岭石、绿泥石以及伊/蒙间层矿物。采用铸体薄片、扫描电镜对黏土矿物产状和微结构进行了研究，黏土矿物微结构主要有丝缕支架状、叠片支架状、畴状、单片支架状、复片支架状、假蜂窝状六种类型（图 1 - 8、图 1 - 9）。

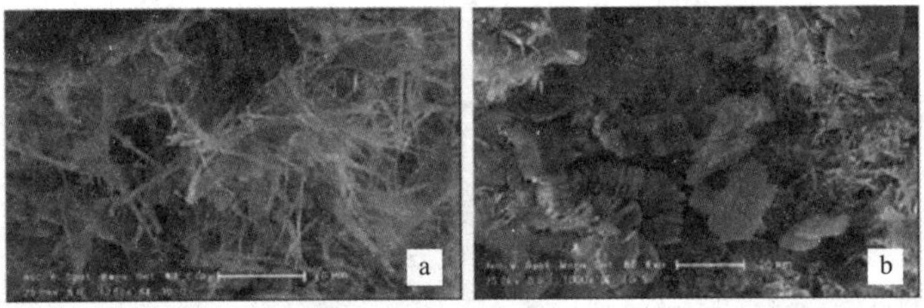

图 1 - 8　大牛地气田典型黏土矿物类型与微结构

a—丝缕支架状结构伊利石，D8 井，C_3t^2，2751.15m；

b—叠片支架状结构高岭石，D1 井，P_1s^2，2836.25m

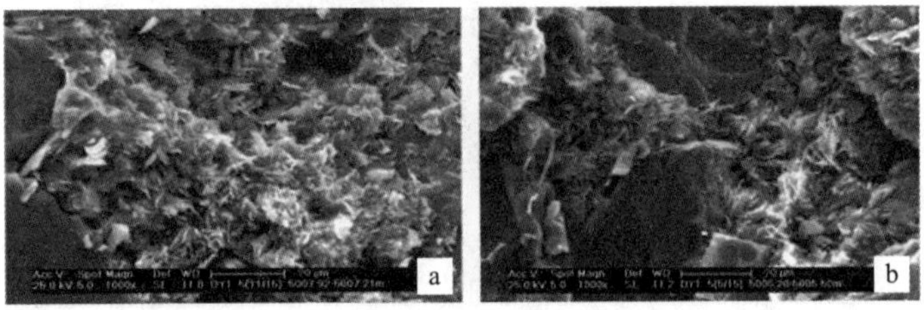

图 1 - 9　大邑致密砂岩黏土矿物类型与微结构

a—假蜂窝状结构伊利石，大邑 1 井，T_3x^2，5005.3m；

b—单片支架状结构绿泥石，大邑 1 井，T_3x^3，4649.3m

黏土矿物自身的敏感性以及因黏土的存在而导致的储层致密性，是产生多种类型损害的根源。从黏土矿物含量、类型、产状分析，致密气层主要潜在的损害包括液相圈闭损害、碱敏、酸敏、速敏、水敏和盐敏损害等（表1－4）。

表1－4 致密砂岩储层黏土矿物产状及损害类型

黏土矿物	结构类型	产 状	赋存形式	潜在损害形式	损害类型
伊利石	2:1	片状、丝状、毛发状、桥接状	粒间孔、微裂隙充填	分散运移、相圈闭损害、处理剂吸附与滞留	水相圈闭、速敏、碱敏等
伊/蒙间层	2:1	弯片状、桥接状	粒间孔、微裂隙充填	微弱晶格膨胀、分散运移、相圈闭损害、处理剂吸附与滞留	水敏、碱敏、速敏
高岭石	1:1	蠕虫状、书状集合体	粒间孔、溶孔充填，颗粒交代	分散运移、相圈闭损害、处理剂吸附与滞留	水相圈闭、碱敏、酸敏、速敏
绿泥石	2:1+1	鳞片状，栉壳状	粒间孔充填颗粒交代	分散运移、相圈闭损害、二次沉淀、处理剂吸附与滞留	酸敏和速敏

1.2.5 超低原始含水饱和度

气藏原始含水饱和度是指在气藏投入开发以前储层岩石孔隙中原始含水体积与岩石孔隙体积的比值。原始含水饱和度受多种因素控制，包括储层地质特征、成藏历史、温度、润湿性和距离自由水面高度，以及孔隙大小分布。气藏原始含水饱和度要么高于、要么低于束缚水饱和度，往往并不等于束缚水饱和度。束缚水饱和度是指在两相或者多相驱替过程中，由于毛细管力作用而存在于孔隙中的部分。束缚水饱和度主要受储层几何形态、孔隙大小分布、喉道大小分布、润湿性、表面粗糙度等影响。通过压汞或者气水驱替实验容易得到束缚水饱和度，但很难得到储层的真实原始含水饱和度值。致密砂岩孔隙和喉道非常狭窄，毛管力所控制的束缚水饱和度是非常高的。

对于油藏，一般情况下其束缚水饱和度等于原始含水饱和度；但对于气藏，其往往在具有高的束缚水饱和度的同时，又具有异常低的原始含水饱和度。据国外文献报道，对于气藏原始含水饱和度低于5%并非罕见，而且不依赖于储层渗透性。有些气藏的原始含水饱和度近于零，如密歇根生物礁石灰岩气藏。通常原始含水饱和度的范围介于10% ~25%之间。国内外致密砂岩气藏成功开采的事实说明：致密砂岩气藏处于亚束缚水饱和度状态，即具有超低含水饱和度现象，其束缚水饱和度往往在50%以上，而其原始含水饱和度要远远低于此值。异常低原始含水饱和度与高的束缚水饱和度之间的差异，导致致密砂岩气层具有强的潜在水锁效应，在钻完井过程中，当水基工作液与储层接触时，便会使水相饱和度快速增加而引起储层不同程度的损害，使气相渗流能力降低。

以陕211井山西组的密闭取心与常规取心为例，结果表明，密闭取心含水饱和度值在20% ~30%左右，而常规取心含水饱和度值偏大，在30% ~40%之间，如图1-10所示，说明存在超低初始含水饱和度。

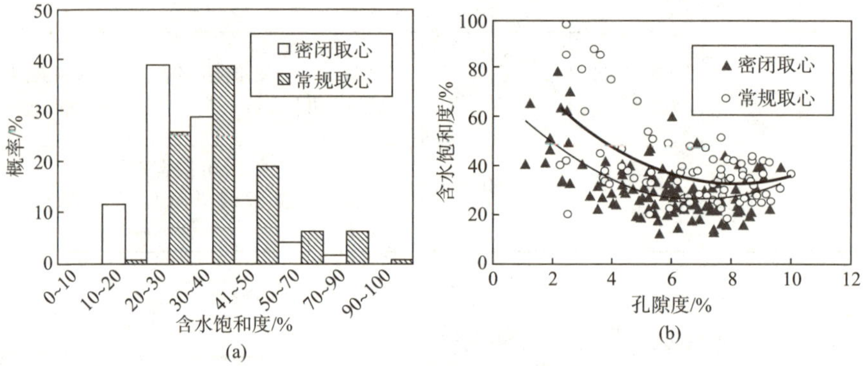

图1-10　陕211井山西组密闭取心与常规取心含水饱和度

致密砂岩气藏超低含水饱和度形成主要与生烃排水作用、汽化携液作用、压实与成岩作用导致孔隙几何形态的改变、矿物转化及吸附作用、束缚水滞后效应等有关。

1.3　致密砂岩气藏钻完井过程的水相圈闭损害

该类储层具有超低含水饱和度、孔喉微小、高毛管压力、气藏低压、低孔低渗等特征，平均孔喉半径小于0.5μm，气体运移能力微弱，毛管自吸作用显著。同时由于天然裂缝发育，低孔、低渗、非均质严重，孔喉细小、毛管现象突出、油气流动阻力大，黏土矿物丰富等工程地质特征，使致密砂岩表现为高损害潜力，存在流体敏感性、液相圈闭、固相进入、乳状液堵塞等潜在损害类型，其中水相圈闭损害是其中最为严重的损害之一，主要受渗透率、孔隙度、初始含水饱和度、毛管压力和侵入深度等的影响。水相圈闭损害程度随初始含水饱和度、渗透率、生产压差的降低而增大，随滤液黏度增大而增大。严重的水相圈闭损害会使气井不能有效泄流，甚至使井筒附近或裂缝面处气相或油相渗透率下降到原来的1% ~10%以下，从而延缓开发进程，增大作业成本，降低油气采收程度。

在储层岩石亲水、超低含水饱和度和高毛管压力情况下，液相浸入，含水饱和度大幅上升，将显著减小气体渗流通道，即使后期加大返排，不可降低的束缚水饱和度仍高于初始含水饱和度，而使气相渗流能力明显降低，造成水相圈闭损害。

由于钻井、完井和增产改造等全过程中普遍的使用水基流体，毛管作用下的液相渗吸和滞留作用明显，水相圈闭损害普遍存在且非常严重，尤其在低渗低压、强亲水、大比表面积、高毛管力的气藏中表现更为明显，影响低渗气藏渗流特征，制约气井经济开采，妨碍气藏及时发现、准确评价和经济开发。

储层一旦发生了损害，靠增产改造很难完全消除，应尽量避免损害发生，采取积极的预防措施，保证“增储上产”和提高采收率。钻井液是接触储层的第一层流体，在研究储层保护方面受到了重视。目前，钻完井等过程中保护储层的技术主要是屏蔽暂堵技术和欠平衡钻井技术。对于基块平均孔喉半径小于0.6μm的致密储层，钻完井液难以在井壁上有效架桥、形成滤饼。屏蔽暂堵技术难在此孔喉尺寸区间发挥作用，液相仍会在压差或毛管作用下侵入储层，导致井筒或裂缝面附近含水饱和度增加，严重降低气相渗透率。致密砂岩气层由于具有局部超低含水饱和度现象，存在“潜在”毛管势能，水相自吸作用明显。由于致密砂岩毛管力高且存在井底压力激动现象，欠平衡钻井不能完全阻止液相侵入，使欠平衡钻井技术在保护致密砂岩气层中优势不明显。导致水相圈闭损害非常突出，影响气藏的及时发现和准确评价。有关学者提出实现侵入液快速、有效返排、降低浸泡时间和侵入深度能减少水相圈闭损害。保证生产压差、降低漏失量、在工作液中加入降低毛管压力的活性剂等，是促进液体快速返排、降低损害的重要手段。

水相圈闭损害问题在开发日益紧迫、经济投入越来越多的低渗-致密储层中表现突出。很多研究人员致力于水相圈闭损害及其预防/解除的方法研究，但仍缺少一套比较完整的评价体系及相应的理论指导。

在最近的理论研究中，Li 和 Firoozabadi 提出了“气润湿”的概念，认为如果孔隙介质的润湿性能从水或油润湿转变到气润湿，那么气藏的渗流能力将显著提高，进而提高产量。他们率先使用氟表面活性剂改变贝雷岩心和白垩系岩心的润湿性，处理后岩样的接触角和自吸实验结果有显著变化，实验证实了“气润湿”可以提高油气田采收率，并为水相圈闭损害的防治提供了新思路。岩石表面的润湿性与表面能和表面结构（粗糙度）有关，可通过改变岩石表面能的表面活性剂吸附或改变表面形貌实现“界面修饰”，对岩石润湿性进行调控，改善流体在其多孔介质内的渗流。这一技术一旦获得突破，将拓展屏蔽暂堵技术或欠平衡钻井技术在保护低渗－致密砂岩储层中的应用，与之形成优势互补，是消除圈闭液相、改善微－纳孔喉渗流通道的新途径。

第 2 章　油气层损害机理与实验评价

钻井与完井的最终目的在于钻开储层并形成油气流动的通道，建立油气井良好的生产条件。任何阻碍流体从井限周围流入井底的现象均为对油气层的损害，严重的油气层损害将极大地影响油气井的产能。在长期的生产实践中人们发现，钻开油气层后的整个生产过程都容易产生油气层损害，它可使油气层产能降低，甚至完全丧失生产能力，还影响发现新的油气层，给油田造成巨大的经济损失。

国内外大量实验研究结果表明，油气层损害的主要原因是固相颗粒堵塞岩石孔道以及岩石性质和油气层液体性质的改变。而油气层损害的程度往往取决于油层岩石和流体特性以及钻井、完井、增产措施、采油方式等工程的设计和实施的合理性。储层一旦发生损害，补救是很困难的，需要付出昂贵的代价。为防止油气层损害，首先应该弄清油气层岩石和流体特性、油气层原始水动力、热动力及化学条件等，分析可能引发损害的类型与原因，以科学的方法对油气层潜在损害进行评价，并制定科学有效的措施防治油气层损害。

2.1　油气层损害的基本概念

油气层损害一词来源于国际上的通用词"formation damage"，亦可译为储层损害，储层受到损害后，在近井筒附近形成一个低渗透的损害带，如图 2－1 所示。油气层损害的主要表现形式为油气层渗透率的降低，包括油藏岩石绝对渗透率和油气相对渗透率的降低。渗透率降低越多，油气层损害越严重。一方面，油气层损害是不可避免的。在钻井、完井、修井、实施增产措施和油气开采等各个作业环节中均可能由于工作流体与储层之间物理的、化学的或生物的相互作用而破坏储层原有的平衡状态，从而增大油气流动的阻力。储层一旦发生损害，流体要经过两个渗透区（$K_d < K_e$）才能流入井筒。但另一方面，油气层损害又是可以控制的。通过实施保护油气层、防止污染的技术和措施，完全可能将油气层损害降至最低限度。

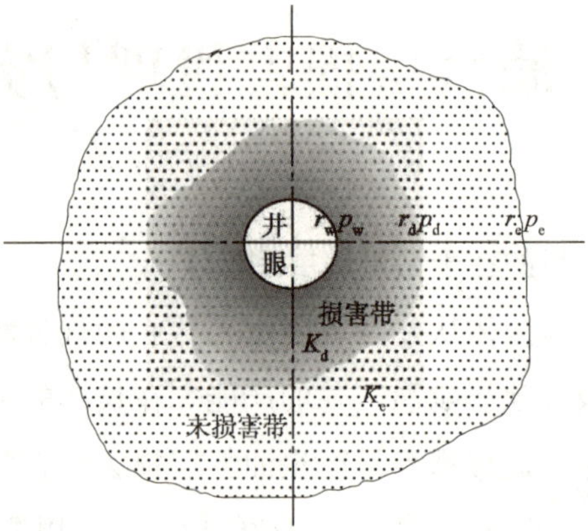

图 2－1　井眼周围损害带示意图

保护油气层一词则来源于通用词“Formation Damage control”，即对油气层损害的控制。在储层油气流入井底的过程中，压力损失主要集中在井底附近的近井地带。该区城内油气通道连通条件和渗透性的好坏，即被污染的程度或受保护的效果，对油气井的产能影响很大。因此，保护油气层主要是指尽可能防止近井壁带的油气层受到不应有的损害。

2.2　油气层损害机理与损害类型

2.2.1　油气层损害机理与类型

油气层损害机理（Mechanism of Formation Damage）是指油气层损害的产生原因以及伴随损害而发生的物理、化学变化过程。对于不同的油气层，其储集特征和导致损害的外部环境均有较大差别，因此可能发生的损害机理也不尽相同。对于某一目的层，要想指定出一个有效的保护油气层的技术方案，必须先将其损害机理认识清楚。油气层损害机理研究是保护油气层技术中的一项必不可少的基础工作。

储层受到损害的原因主要是由于储层原来的物理性质发生了变化，其中最重要的因素是储层渗透率的改变。渗透率降低意味着油气流的部分通道受阻，单位时间内从储层流入井筒的油气量减少。因此，研究储层受损的机理，主要是研究导致储层渗透率降低的各种因素，最终目的是找到防止或减轻渗透率降低的有效途径和方法。

近十余年来，国内外学者对储层损害的机理进行了广泛深入的研究，已经得到一些公认的看法和结论，现将主要的论点归纳如下：

（1）固相颗粒堵塞：钻井液与完井液等外来流体中的固相颗粒和储层中原有的固体颗粒将岩石的孔隙和喉道直接堵塞。

（2）外来液体与储层岩石矿物不配伍：外来流体中的水分引起储层内的黏土矿物水化膨胀，使孔隙喉道变小，油气流动受阻。

（3）外来液体与储层流体不配伍：外来流体与储层中流体发生物理化学作用，生成难溶的无机盐类以及有机物沉淀，或形成高黏度的乳状液，堵塞油藏岩石的流动通道。

（4）毛细现象：外来流体中的滤液侵入储层，引起储层润湿性发生改变，从而降低油气的相对渗透率，并影响驱油效率。

以上每一因素均可能在很大程度上降低油气的有效渗透率，影响油气井产能的发挥，将高产变为低产，甚至于完全停产。

关于油气层损害的类型及产生原因，P. B. Basa（1985）在用地层损害指数评价页岩状砂岩流体敏感性的研究中，将其归纳为以下十种类型，如表 2－1 所示。

表 2－1　储层损害的类型及产生原因（据李克向等，1993）

损害类型	产生原因
Ⅰ毛细现象： ①相对渗透率的影响； ②润湿性的影响； ③孔隙的液锁	①在孔隙中油气水相对含量发生变化； ②表面活性物质的侵入； ③黏性流体的侵入
Ⅱ固相侵入； Ⅲ结垢	①无机物与有机物颗粒的侵入； ②盐的互沉淀

续表

损害类型	产生原因
Ⅳ岩石损害： ①分散运移； ②微粒运移； ③矿物沉淀； ④晶格膨胀； ⑤非胶结	 ①离子环境发生变化； ②胶结颗粒的松散； ③矿物溶解后重结晶； ④过多水进入晶格； ⑤地层结垢疏松

而 Charles H. Hewitt 在研究水敏性储集层时，对油气层损害问题的分类如表2－2所示。

表2－2　油层损害的分类（据李克向等，1993）

与岩石性质有关的损害类型	由于特殊生产过程的损害
Ⅰ黏土膨胀； Ⅱ非膨胀性颗粒分散； Ⅲ微粒松散和运移	①固相颗粒侵入； ②盐的沉积和析出； ③水锁或乳状液锁； ④细菌作用； ⑤与特殊层不适应的完井作业

以上两种分类的特点是将储层岩石损害与其他类型的损害区别开。L. Alegne 等人编辑诊断地层损害问题的专家系统时对损害问题也进行了分类，这种分类方式以油层损害原因和根源为线索，便于模拟专家分析的方法查找地层损害的原因，如表2－3所示。

表2－3　造成地层损害的可能因素（据李克向等，1993）

原因/根源	机理	地层损害类型
1）固相侵入 （1）固相类型： a. 黏土； b. 岩屑； c. 加重材料； d. 堵漏材料； e. 固相沉淀； f. 有机物 （2）根源： a. 钻井液； b. 完井液； c. 修井液； d. 注入水； e. 酸化压裂液	物理	堵塞

续表

原因/根源	机理	地层损害类型
2）流体侵入 （1）流体类型： a. 原油 b. 水 c. 化学剂 （2）根源： a. 钻井液滤液 b. 水泥浆滤液 c. 完井和修井液 d. 注入水	化学、物理	地层水水质变化； 沥青质沉淀； 蜡堵； 生产乳状液； 水锁； 岩石润湿性变化； 流体饱和度变化； 原生黏土流动性和膨胀性被破坏
3）压力和/或温度变化 根源： a. 采油 b. 注液或注气 c. 酸化/压裂	物理、化学	地层水水质变化； 沥青质沉淀； 蜡堵
4）工程因素 a. 采油速度 b. 生产时间 c. 井筒压力 d. 注液或注气速率	物理	微粒运移； 流体和固相侵入
5）材料类型 a. 盐类型 b. 表面活性剂 c. 胶凝物质	化学、物理	盐结晶； 黏土不稳定； 润湿性变化； 乳状液

以上几种分类方式和原则各有侧重，各有所长。综合分析各施工工序中出现的储层损害问题，按照损害现象的特征，全面考虑产生损害的原因，可以将油气层损害归纳为以下几种不同的类型：水敏性损害、酸敏性损害、微粒运移损害、结垢损害、水锁损害、润湿性反转损害、固相颗粒侵入损害、出砂损害等。

美国岩心公司 Amaefule 等根据全世界近四千口井的资料，对各个作业环节中每种机理所造成损害的严重程度也进行了系统的总结，总结情况见表 2－4。

表 2-4 各井下作业过程中储层损害程度的相对大小

损害原因	建井阶段				油藏开采阶段		
	钻井固井	完井	修井	增产措施	中途测试	开采	注液开采
泥浆固相颗粒堵塞	* * * *	* *	* * *	/	*	/	/
微粒运移	* * *	* * * *	* * *	* * * *	* * * *	* * *	* * * *
黏土水化膨胀	* * * *	* *	* * *	/	/	/	* *
乳化堵塞/水锁	* * *	* * * *	* *	* * * *	*	* * * *	* * * *
润湿反转	* *	* * *	* * *	* * * *	/	/	* * * *
相对渗透率下降	* * *	* * *	* * * *	* * *	/	* *	/
有机垢	*	*	* * *	* * * *	/	* * * *	/
无机垢	* *	* * *	* * * *	*	/	* * * *	* * *
外来颗粒堵塞	/	* * * *	* * *	* * *	/	/	* * * *
次生矿物沉淀	/	/	/	* * * *	/	/	* * *
细菌堵塞	* *	* *	* *	/	/	* *	* * * *
出砂	/	* * *	*	* * * *	/	* * *	* *

注：*越多，则损害越严重。

从表 2-4 可以看出，微粒运移引起的损害是最普遍的，其次是乳状液堵塞和水锁，再其次是润湿反转和结垢等引起的损害。而在钻井和固井作业中，损害最严重的是泥浆固相颗粒堵塞和黏土的水化膨胀。应注意，表 2-4 所总结的是带有普遍性的规律。对于不同的油气井，损害类型以及产生原因可能有很大的差别。因此，必须根据具体的储层条件和钻井液等外来流体的组成情况对引起损害的主要原因作出准确的判断，然后有针对性地采取必要的措施以防止或尽量减轻可能造成的损害。

2.2.2 油气层损害影响因素

一般而言，油气层损害的原因可分为内部潜在因素和外部诱导因素。

2.2.2.1 油气层的潜在损害因素

油气层的潜在损害因素包括以下几个方面。

1）油气层储渗空间

岩石的储渗空间决定了储层岩石的储集性和渗透性。储渗空间不同的岩石，存在的潜在损害问题也不同。岩石的储渗空间主要是孔隙、溶洞和裂缝。

首先从微观角度来看，孔喉类型和孔隙结构参数与油气层损害关系很大，一般情况下，若孔喉直径较大，则固相颗粒侵入的深度较深，因固相堵塞造成的损害就比较严重，而滤液造成的水锁、气阻等损害的可能性较小；此外，如果孔喉的弯曲度越大和连通性越差．则油气层越易受到损害。

其次，从宏观方面来看，损害类型在很大程度上取决于储层的孔隙度和原始渗透率。对于渗透率较高的储层，可推断其孔隙尺寸较大且连通性较好，胶结物含量较低，这种情况下受固相侵入而造成的损害较大；面对于低渗油气层，由于其孔喉尺寸小且连通性差，胶结物含量高，因而固相造成的堵塞损害不是主要的，而容易发生诸如黏土水化膨胀、微粒运移和水锁等损害。

对致密砂岩而言，由于其非常规地质特征，其储渗空间往往具有多尺度性（图2－2），既存在纳微孔喉，也存在天然微裂缝、水力缝（高渗通道）等流动介质，从而也使气体在其中的渗流变得更加复杂，图2－3显示了钻完井液侵入气层、在多孔介质中的渗流示意图。

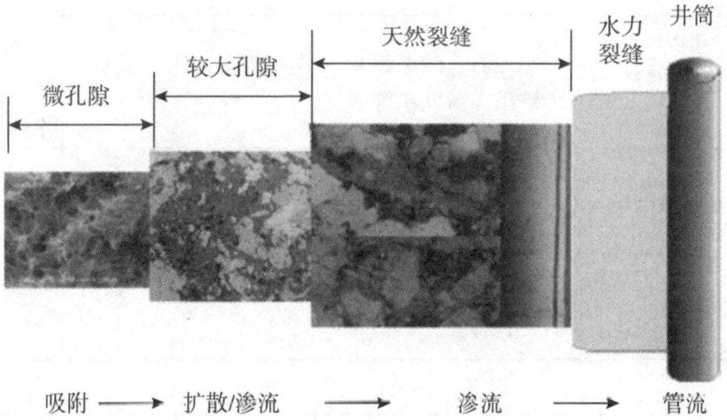

图2－2　致密砂岩储层储渗空间的多尺度性（据杨建，2008）

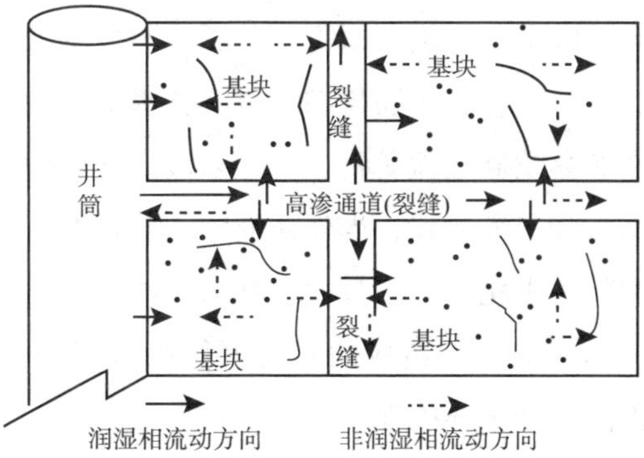

图2－3　钻完井液侵入气层示意图（据杨建，2008）

2）油气层的敏感性矿物

敏感性矿物是指油气层中容易与外来流体发生物理和化学作用并导致油气层渗透率下降的矿物。绝大多数敏感性矿物属于自生矿物，其粒径一般在小于37μm的微粒级范围之内，且比表面大，多数位于孔喉附近，因而总是优先与外来流体相接触并相互作用。敏感性矿物的类型基本上决定了油气层损害的类型。按照其引起敏感的因素不同，可将敏感性矿物分为速敏、水敏、盐敏、酸敏和碱敏等五类，分类情况及主要的损害形式见表2－5。

表2－5　油气层中常见的敏感性矿物及其损害形式

敏感性类型		敏感性矿物	主要损害形式
速敏性		高岭石、毛发状伊利石、微晶石英、微晶长石、微晶白云母等	分散运移、微粒运移
水敏性和盐敏性		蒙脱石、绿蒙混层、伊蒙混层、降解伊利石、降解绿泥石等	晶格膨胀、分散运移
酸敏性	盐酸酸敏	绿泥石、绿蒙混层、铁方解石、铁白云石、赤铁矿、黄铁矿等	氢氧化铁沉淀、非晶质二氧化硅沉淀、微粒运移
	氢氟酸酸敏	方解石、白云石、浮石、钙长石、各种黏土矿物等	氟化钙沉淀、非晶质二氧化硅沉淀
碱敏性（pH>12）		钾长石、钠长石、斜长石、微晶石英、蛋白石、各种黏土矿物等	硅酸盐沉淀、硅凝胶等

通常情况下，敏感性矿物可分为黏土矿物和非黏土矿物。其中非黏土矿物主要包括石英、长石、方解石、白云石、云母、铁方解石、铁白云石等，会不同程度地引发速敏、盐敏、酸敏和碱敏等损害，其影响不可忽视。以下内容主要介绍黏土矿物及其引发的损害。黏土矿物是细分散的含水层状构造和层链状构造的硅酸盐矿物以及含水的非晶质硅酸盐矿物。绝大多数油气层中都含有黏土矿物，由于黏土矿物易水化膨胀和分散运移，当外来液体的矿化度比地层水低，且流体运移速度较快时，它们就可水化膨胀和分散运移堵塞油气层，从而导致油气产量下降。据报道，黏土矿物对油气层造成的损害可使产量下降70%。因此，黏土矿物是造成油气层损害的一个重要因素。

油气层损害程度与黏土矿物的含量、类型及存在形式密切相关。一般认为，黏土总量小于5%的砂岩为干净砂岩或称较好储层，黏土总量超过10%的储层为较差储层，黏土含量越高，由黏土矿物造成的油气层损害程度和可能性就会越大。黏土矿物在储层中的存在位置和状态，对储层损害的影响也非常大，例如，有些砂岩储层黏土矿物含量非常高（大于15%），但是，它是以纹层状页岩存在或是以颗粒状作为岩石的一部分存在，则这些黏土并不能与孔隙中的流体充分接触，因此对储层的损害不很大。相反，有些储层尽管黏土矿物含量不高（小于10%），但这些黏土分布在孔隙中，与孔隙中流体接触的面积较大，所以很易受到流体性质的影响，而造成对储层的严重损害。黏土在孔隙中存在的形态对储层损害也有一定的影响。砂岩储层孔隙中黏土矿物常以两种形态存在：一种是黏土矿物在骨架颤粒表面形成包被或呈薄膜衬垫状［图2－4（a）］，以这种形态存在的黏土易与外来不配伍液体充分接触，而严重影响储层的渗透性。黏土矿物在孔隙中的另一种存在形式是孔隙充填式［图2－4（b）］，以这种形态存在的黏土可以是疏松的填充物或聚结成一定粒度的颗粒，在孔隙流体的高流速作用下，可运移而堵塞喉道，影内储层的渗透性。

(a)包被形态存在的黏土　　(b)孔隙形态存在的黏土

图2－4　砂岩储层黏土矿物的存在形态

据杨建（2008）对川西新场地区致密砂岩气藏的分析，他将包被形式存在的黏土矿物形态进一步细分为垂直于颗粒表面排列的包被和平行于颗粒表面排列的包被，并认为填充形式有分散填充和桥接状结构填充等，如图2－5所示。这些复杂的存在形式也是发生储层损害的潜在因素。

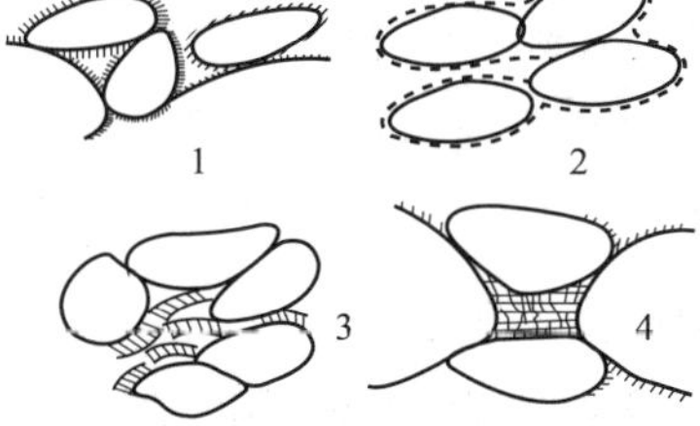

1.垂直颗粒表面排列的黏土包壳；
2.平行表面排列的黏土包壳；
3.分散质点，充填孔隙；
4.孔隙衬边和桥接状结构；

图2－5　砂岩中自生黏土矿物的产状（据杨建，2008）

此外，黏土矿物的类型也影响储层损害。砂岩储层中常见的黏土矿物主要类型有高岭石、伊利石、蒙脱石、绿泥石，以及混层矿物，它们在孔隙中的存在形式以及潜在损害如第 1.2.4 节中表 1－4 所示。图 2－6 为常见的几种黏土矿物结构。

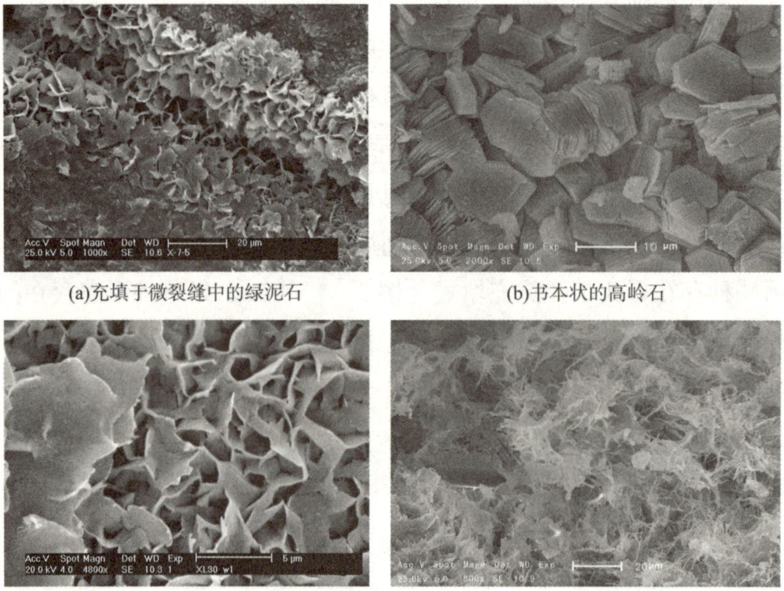

(a)充填于微裂缝中的绿泥石　(b)书本状的高岭石

(c)蜂窝状的蒙皂石集合体　(d)毛发状的伊利石

图 2－6　常见黏土矿物的结构

（1）高岭石矿物。在砂岩中，高岭石大多分布在粒间，以粒间胶结物的形式产出，少量分布在粒表。高岭石对储层的损害主要是由于其颗粒较大和在砂粒表面附着不紧，在液流冲击下易发生运移，堵塞油气流通道而造成油层损害。

（2）蒙脱石矿物。蒙脱石是 2∶1 型黏土矿物，多埋藏在浅层，在孔隙中常以薄膜衬垫式包被在骨架颗粒表面，主要形态有蜂窝状、网状、片状和絮状。由于蒙脱石常以衬垫形态存在于粒表，能与孔隙中流体充分接触，并且蒙脱石矿物具有较高的吸水膨胀性，因此，较淡的水侵入岩石孔隙，易使其发生水化膨胀，堵塞孔隙喉道，导致渗透率下降。膨胀后的蒙脱石胶结强度大大降低，遇到较高流速的流体冲击后，很容易分散，并随流体在孔道中移动，进一步造成对储层的损害。基于此，蒙脱石被认为是最易造成油层损害的敏感性矿物，蒙脱石含量越高，对储层造成的损害的可能性越大。

（3）伊利石。伊利石也是 2∶1 型黏土矿物，但其晶格取代发生的位置和层间平衡负电的离子与蒙脱石不同，因而其造成损害的机理也与蒙脱石不同。伊利石在储层中可使储层孔道直径缩小，易于将储层中大孔道分割成小孔道，把水封闭起来，造成储层高含水饱和度，使油相渗透率降低。此外，伊利石矿物多呈卷曲毛发状微晶产出，对油层渗透率影响相当严重，当有淡水存在时，这种毛发状或丝状的伊利石微晶集合体可能会进一步分散，而降低渗透率。伊利石具有随埋深增加而增多的趋势。

（4）绿泥石。绿泥石矿物是一种特殊类型的2∶1层型黏土矿物。其层间物为氢氧化物八面体，属非膨胀性黏土矿物。绿泥石矿物在含油气盆地中一般分布在2500m以下，其形态特征多种多样，常见的有叶片状、玫瑰花状等。绿泥石可分布在粒间或粒表并常与石英、高岭石共生。铁和镁含量高是绿泥石矿物的特征，一般总铁含量在0～43.01%之间，镁含量在0.2%～37.64%之间。绿泥石易溶于酸，释放出易生成沉淀的铁离子，因而它为酸敏性矿物。

（5）混层黏土矿物。除上述四种黏土矿物外还有混层黏土矿物。常见的混层黏土矿物类型多是由膨胀层和非膨胀层组成。伊利石/蒙脱石混层矿物和绿泥石/蒙脱石混层矿物是最常见的混层黏土矿物类型。其储层损害的类型介于其组分层的油层损害类型之间，伊利石/蒙脱石混层矿物既可以由伊利石晶层分散运移造成油层损害，也可以因蒙脱石混层的膨胀作用而造成的储层损害。同样，绿泥石/蒙脱石混层矿物除了可以因蒙脱石晶层的膨胀作用造成油层损害之外，还可以由绿泥石的酸敏作用造成油气层损害。

当其他条件相同时，油气层渗透率越低，敏感性矿物造成损害的程度会越大。因此，通过岩心分析准确测定敏感性矿物的含量，对预测受损害的形式和可能造成的损害程度是十分重要的。

3）油藏岩石的润湿性

润湿性（Wettability）是油藏岩石最重要的表面特性，是表征润湿相流体在岩石表面铺展开来的性质，或某种流体延展附着到固体表面的倾向性。其产生的根本原因是由于分子间力的作用。影响润湿性的因素包括岩石矿物组成、流体的化学性质、岩石表面粗糙度、温度及压力等。

它一般分为亲水性、亲油性和中性润湿等三种情况。图2－7为油相和水相分别在亲水性岩石表面和亲油性岩石表面的铺展特征，在亲水性岩石表面，水相优先于油相在岩石表面铺展、润湿，油相以液滴形式存在；而在亲油性岩石表面，油相优先于水相在表面铺展、润湿。

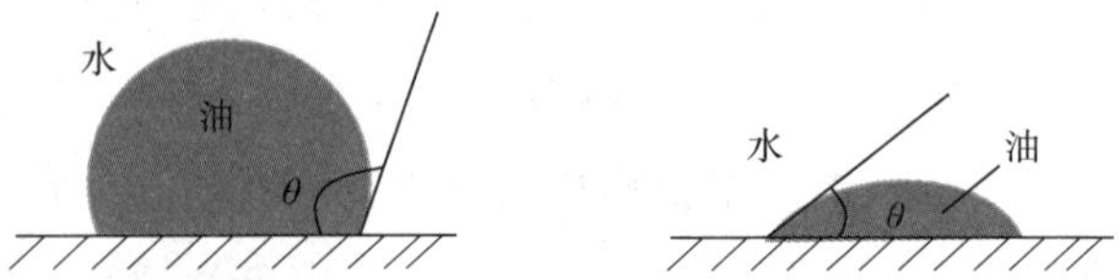

(a)亲水性岩石表面　　(b)亲油性岩石表面

图 2－7　亲水性岩石表面和亲油性岩石表面

在油气开采过程中，油藏岩石的润湿性有以下作用：

(1) 润湿性是控制地层流体在孔隙介质中的位置、流动和分布的重要因素。对于亲水性岩石，水通常吸附于颗粒表面成占据小孔隙角隅，油气则位于孔隙中间部位，而亲油性岩石正好出现与此相反的情况。

(2) 润湿性决定着岩石中毛管力的大小和方向。由于毛管力方向总是指向非润湿相一方，因此对于亲水性岩石，毛管力是水驱油的动力，而对于亲油性岩石，毛管力则是水驱油的阻力。

(3) 润湿性对油气层中微粒运移的情况有很大影响，一般只有当流动着的流体润湿微粒时，运移才容易发生。

其中前两个作用可造成油气的有效渗透率降低和注水过程中水驱油效率降低等损害，而后一作用对微粒运移有较大影响。

润湿性在毛细管中的作用就是毛细现象，即润湿相在毛细管中上升的现象，常用毛管压力 P_c 来表征。毛管压力就是毛细管中润湿相与非润湿相所形成的弯液面处的附加压强，该压强的方向与液面的凹向一致，不仅受岩石润湿性影响，还与毛细管半径、润湿相与非润湿相流体间的界面张力、润湿接触角等因素有关。其数值为：

$$P_c = 2\sigma\cos\theta/r \tag{2-1}$$

式中　P_c——毛管压力；

r——毛细管半径；

σ——润湿相与非润湿相的界面张力；

θ——润湿相与岩石的接触角。

对于孔喉半径小的储层，毛细管现象十分突出，如在生产施工中不加以注意，很容易导致由毛细现象造成的水锁及贾敏损害，相关内容将重点在第 2.2.2.2 节和第 3 章中叙述。

4）油气层流体性质

除油气藏岩石外，油气层流体也是引起损害的潜在因素。因此在进行钻井液等工作流体设计时，必须全面了解地层水、原油和天然气的性质。

（1）地层水性质。

地层水性质主要包括矿化度、离子类型与含量、pH 值和地层水的水型等。矿化度表示地层中的总含盐量，如果外来流体的矿化度低于地层水的矿化度，则容易易引起储层中黏土矿物水化膨胀与分散等问题。此外，若外来流体与地层水的离子组成不配伍时，容易发生结垢等损害。

（2）原油性质。

原油性质主要有黏度、含蜡量、胶质和沥青质含量、析蜡点和凝固点等。以上性质与油气层损害的形式有较大的关系。若原油中石蜡、胶质和沥青质含量较高或凝固点过高，则可能生成有机垢，从而堵塞孔喉造成损害。若沥青质含量过高，还会在一定条件下吸附在岩石表面，引起从亲水至亲油的润湿反转。原油与入井流体不配伍还可能形成高黏度的乳状液，产生乳化堵塞。

（3）天然气性质。

与油气层损害有关的天然气性质主要体现在 H_2S 和 CO_2 等腐蚀性气体的含量上。H_2S 和 CO_2 均为成酸气体，易与一些多价阳离子反应生成化学沉淀。CO_2 含量过高时，还有形成 $CaCO_3$ 无机垢的可能性。另外，它们腐蚀设备时所生成的一些腐蚀产物会引起微粒堵塞，如 H_2S 在腐蚀过程中生成 FeS 沉淀。

以上介绍的潜在损害因素是油气层固有的特性。一般情况下，若没有外因作用来诱发它们，则不会造成油气层损害。国内外已有多项研究表明，钻井过程导致的储层损害已经成为影响油气井产能的主要因素。

2.2.2.2 诱发油气层损害的外因

下面简要介绍外因如何诱发内因起作用而造成油气层损害。

1）固体颗粒堵塞造成的损害

（1）流体中固体颗粒堵塞油气层造成的损害。

钻完井液中存在多种固相颗粒。当井筒内流体的液柱压力大于油气层孔隙压力时，外来流体中的固体颗粒就会随液相一起进入油气层，其结果会堵塞油气层而引起损害，损害的严重程度随钻井液中固相含量的增加而加剧，分散的细固相颗粒影响更甚（图2-8）。特别是在泥饼形成之前，固相侵入的可能性更大。影响外来固体颗粒对油气层的损害程度和侵入深度的因素有：滤饼性质、固相颗粒粒径大小、压差、剪切速率、作业时间、固相含量等。

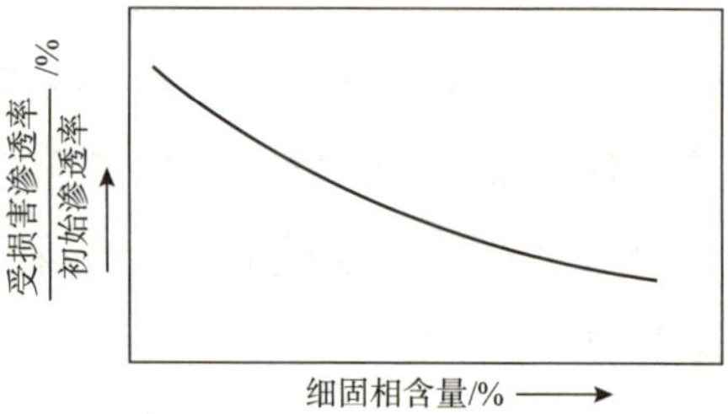

图2-8　钻井液中固相对地层渗透率的影响

（2）地层中微粒运移造成的损害。

储层本身的微粒也叫地层微粒，是指小于37μm（能通过400目筛）的矿物微粒。其含量可从百分之几到百分之几十。其成分出黏土矿物外，还含有大量非黏土矿物，其中石英微粒的含量最多。黏土矿物微粒的运移主要是由水化、膨胀、分散运移引起的，而非黏土矿物微粒的运移主要包括起动、运移、沉积堵塞三个过程。

2）外来工作液与油气层岩石不配伍造成的损害

（1）水敏性损害：若进入储层的外来液体的矿化度与储层中的黏土矿物不配伍时，将会引起黏土矿物水化膨胀和分散，导致储层渗透率降低，这种现象即为水敏性损害。

（2）碱敏性损害：当高pH值的工作流体进入储层后，将促进储层中黏土矿物的水化膨胀与分散，并使硅质胶结物结构破坏，促进微粒的释放，从而造成渗流通道堵塞，导致储层渗透率降低，这种现象即为碱敏性损害。

（3）酸敏性损害：储层酸处理后，由于溶解掉胶结物会释放出大量微粒，矿物溶解释放出的离子还可能再次沉淀，则这些微粒和沉淀将堵塞储层的渗流通道，轻者可削弱酸化效果，重者导致酸化失败，这种酸化后导致储层渗透率降低的现象即为储层的酸敏性损害。

（4）油气层岩石润湿反转造成的损害：储层岩石可以是亲水性（水润湿）、亲油性（油润湿）或中等润湿性，这主要取决于原油中极性组分的含量和天然岩石的表面性质。因化学处理剂的作用，使岩石润湿性发生改变的现象即为润湿性反转。润湿性改变将严重影响油气水的相对渗透率。若岩石由水润湿变成油润湿，原油从占据孔隙中央部分变成占据小孔隙角隅或吸附在颗粒表面，大大地减少了油的有效流道；使毛管力由原来的驱油动力变成驱油阻力，这样不但使采收率下降，而且大大地降低油气有效渗透率，可使油相渗透率降低15% ~85%。对润湿性改变起主要作用的是表面活性剂，影响润湿性反转的因素有：pH 值、聚合物处理剂、无机阳离子和温度。

3）外来工作液与油气层流体不配伍造成的损害

（1）无机沉淀堵塞：常见的无机沉淀有碳酸钙、碳酸锶、硫酸钡、硫酸钙、硫酸锶等。

（2）有机沉淀堵塞：主要指石蜡、沥青质及胶质在井眼附近地带的沉积，不仅会堵塞储层的渗流通道，而且还可能使储层的润湿性发生反转，从而导致储层渗流能力下降。

（3）乳化堵塞：外来油与地层水，或者外来水与地层油相互混合可产生乳状液，将增大流动阻力，甚至导致油层堵塞。

（4）细菌堵塞：如果储层中有一个适宜细菌生长、繁殖的环境，则细菌的活动就可强化，由此产生的菌落和黏液可以堵塞油气层 而引起地层损害。

4）油气层岩石毛细管阻力造成的损害

外来水相渗入油气层后，会使含水饱和度增加，降低油相饱和度（或气相饱和度），增加油流阻力，导致油相渗透率降低。由毛细现象造成的损害主要形式是水锁效应和贾敏效应。

（1）水锁效应。

外来水相流体渗入水润湿的油气层孔道后，会把储层中原有的非润湿相（油或气）推向储层深部，并在油水界面形成一个凹向油相的弯液面，而产生一毛细管压力 P_c（图2-9）。此时，要想让油相驱动水相而流向井筒，就必须克服这一附加的毛管压力。若储层的能量不足以克服这一附加的毛管压力和流体流动的摩擦阻力，就不能把水段塞驱开，而造成损害。实际上，由于储层的孔道大小分布很广，总有一些大孔道可以被驱开，而小孔道很难被驱开，驱开的大孔道中水膜也可能增厚，最终导致储层含水饱和度增加，油相的渗透率降低，这种现象就称为水锁效应。

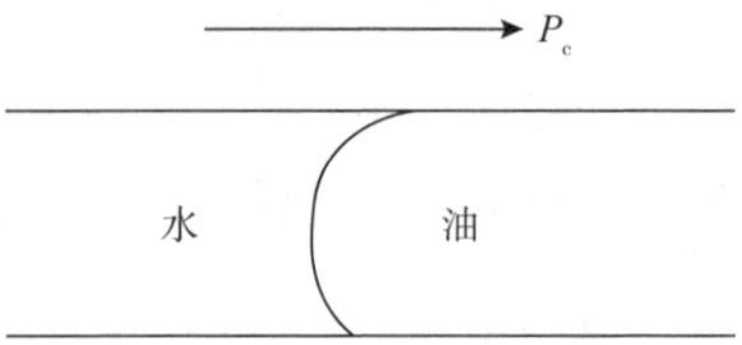

图 2－9　亲水油层孔道中的油水界面示意图

根据前述毛管压力计算公式（2－1），由于毛管压力与孔道半径成反比，对于小孔道低渗储层，产生的毛细管压力较大，易产生水锁损害，对于大孔高渗高压油层，产生的毛管压力较小，地层驱替压力较大，水锁引起的损害较低。

（2）贾敏效应。

贾敏效应损害是指毛细管中非润湿相流体液滴对润湿相液体运动产生附加阻力的现象。贾敏效应包括以下两种情况。

第一种情况：液滴在毛细管中运动产生附加阻力。假定毛细管中有一非润湿相油滴被润湿性水所包围（图 2－10）。在静止状态下，油滴两端的弯液面（图中实线）方向相反，曲率半径 R 相等，所产生的毛管压力（指向非润湿相）刚好相互抵消。

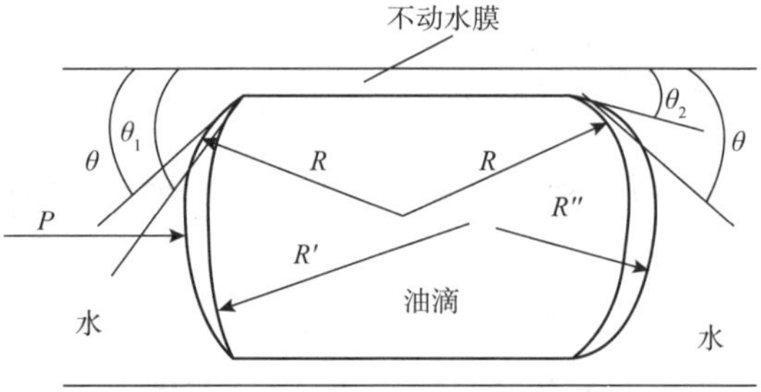

图 2－10　油滴在毛细管中运动产生附加阻力

假如油滴与毛细管壁间的水膜不动，向油滴施加压力 P 时，油滴要克服与水膜的摩擦力而发生变形（图中虚线），两端的曲率半径变为 R' 和 R''，且 $R' > R''$，并产生前进角 θ_1 和后退角 θ_2，$\theta_1 > \theta > \theta_2$。两边弯液面所产生的毛管压力分别为：

$$p'_c = 2\sigma/R' = 2\sigma\cos\theta_1/r \quad (2-2)$$

$$p''_c = 2\sigma/R'' = 2\sigma\cos\theta_2/r \quad (2-3)$$

显然，$p''_c > p'_c$，两者之差为：

$$p''_c - p'_c = 2\sigma(1/R'' - 1/R') = 2\sigma(\cos\theta_2 - \cos\theta_1)/r \quad (2-4)$$

这一压力差就是非润湿相油滴在毛细管中运动所产生的附加阻力。该阻力实质上是由润湿滞后造成的，其大小与接触角滞后的大小有关，也与表面张力及毛细管半径有关。

若水膜可与油滴一起运动，就不会出现这一附加阻力（忽略油滴的惯性力）；若油滴起动之前水膜不能移动，启动之后水膜加厚而变为可与油滴一起流动，附加阻力将随水膜的流动而消失。

当液—液、液—气两相在岩石孔隙中渗流时，如果其中非润湿相，例如原油或天然气，以极小的液滴或气泡状态分散于润湿性相中，那么，在这种情况下所产生的附加毛管阻力是不可忽视的。

第二种情况：油滴在变断面孔道中运动所受的毛细管阻力。假定有一变断面孔道，其中充满润湿性相水，有一油滴从粗端一侧通过细端，当此油滴抵达细端时，必然发生变形，从而使油滴两端具有不同的曲率半径 R_1 和 R_2，并因此而产生不同的毛管压力 p'_c 和 p''_c。由于 $R_1 < R_2$，则 $p'_c > p''_c$，两者方向相反，油滴要通过孔道细端时必须克服这一毛管阻力 Δp_c，它等于：

$$\Delta p_c = p'_c - p''_c = 2\sigma(1/R_1 - 1/R_2) \tag{2-5}$$

在这种情况下，常把油滴粗细两端的曲率半径 R_1 和 R_2 分别近似地视为喉道半径 r_t 和孔隙半径 r_p，如图 2-11 所示，故有：

$$\Delta p_c = p'_c - p''_c = 2\sigma(1/r_t - 1/r_p) \tag{2-6}$$

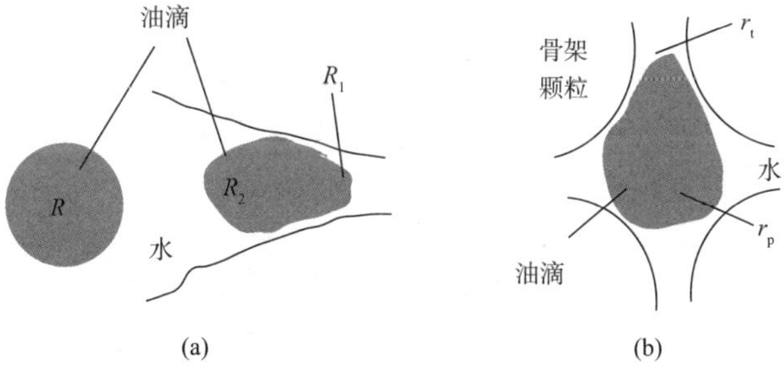

图 2-11　油滴在变断面孔道中运动产生的附加阻力

上式便是油滴要通过的孔隙喉道需要克服的毛细管阻力。可见，喉道半径越小，毛管阻力越大，对渗流的影响也就越大。

贾敏效应损害的最终结果也是使油相的渗透率降低。

（3）贾敏与水锁效应的区别。

水锁与贾敏效应的区别在于，水锁损害是由于非润湿相驱替润湿相而造成的毛管阻力，如水湿储层钻完井或压裂后的返排过程；而贾敏现象是指润湿相驱替非润湿相珠泡而产生的毛管阻力，如水湿储层中水驱油过程。虽然这两种现象产生的毛管阻力的原因不同，但造成损害的结果是类似的，均是使油相渗透率降低。在实际地层中，很难明显区分这两种现象的差别，因为它们总是相伴发生，所以，可把它们统称为毛细管阻力造成的损害。影响它们的因素包括外来水相侵入量和油气层孔喉半径等。

2.3 油气层损害评价方法

为了在钻开油气层之前准确地判断油气层损害的类型和程度，以便及时采取相应的保护措施，必须首先建立油气层损害的评价方法和标准。本节着重介绍其室内评价实验方法，评价实验是指在研究油层损害问题时，在实验室内进行的定性或定量分析测定的实验。该评价实验由一系列综合性的岩心分析实验组成，包括岩心分析、油气层敏感性评价和工作液对油气层的损害评价等。评价实验的目的主要有：①弄清储层潜在因素；②弄清外因对储层的影响；③在内因外因的作用下，弄清储层损害类型及程度；④筛选合理的防治措施。

室内评价实验的程序如图 2－12 所示。

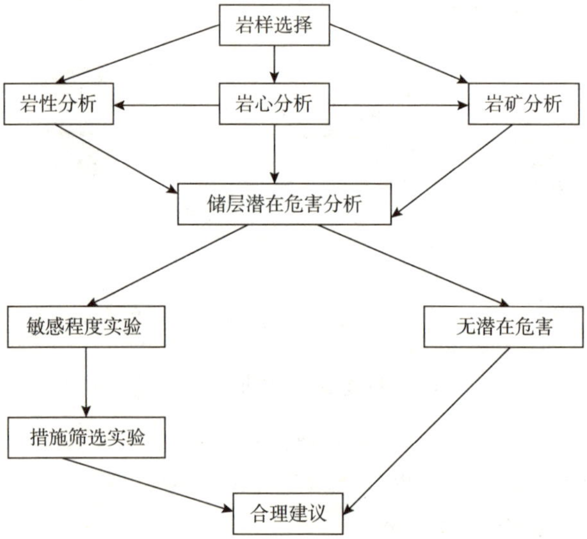

图 2－12　损害评价实验程序

2.3.1 岩心分析

岩心分析（core analysis）是认识油气层地质特征的必要手段。油气层的敏感性评价、损害机理的研究、对油气层损害的综合诊断和保护油气层技术方案的制定都必须建立在岩心分析的基础之上。因此，岩心分析是保护油气层技术中不可缺少的基础工作。

岩心分析的主要目的是，全面认识油藏岩石的物理性质及岩石中敏感性矿物的类型、产状、含量及分布特点，确定油气层潜在损害的类型、程度及原因，从而为各项作业中保护油气层工程方案的设计提供依据和建议。岩心分析有多种实验手段．其中岩相学分析的三项常规技术分别是：

1）X 射线衍射（XRD）分析

X 射线衍射分析是根据晶体对 X 射线的衍射特性来鉴别物质的方法，其主要内容是进行全岩物相定量分析。为了对样品的所有矿物进行定性和定量分析，实验分两部分进行，即砂粒/淤泥颗粒部分和黏土颗粒部分。X 射线衍射仪的结构如图 2－13 所示。

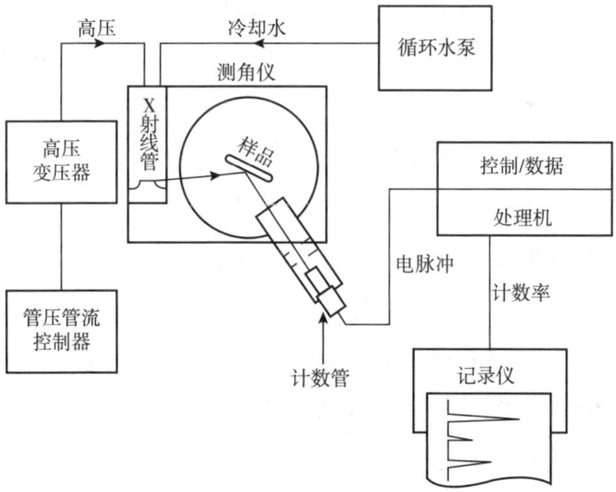

图 2－13　X 射线衍射仪结构图

由于绝大多数岩石矿物都是结晶物质，因此该项技术已成为鉴别储层内岩石矿物的重要手段。正如每种物质都有其固有的化学组成和结构一样，每种结晶物质都具有其独特的晶体结构。事实证明，没有任何两种结晶物质在晶胞大小、质点种类以及质点在晶胞中的排列方式方面是完全一致的。因此，当X射线通过某一晶体时，必然会显示出该晶体特有的衍射特征值——反射面网间的距离（d）和反射线的相对强度（I/I_0）。X射线衍射分析通常用于测定岩样中粒径小于4μm的黏土矿物和粒径大于4μm的非黏土矿物，尤其适于确定岩样中各种黏土矿物的类型和含量。测定时不需要整块岩心，只需少许有代表性的岩样即可。

实验过程是首先将岩样抽提清洗干净，然后采用研磨或超声波振荡器等方式粉碎岩样，再用离心法将岩样分离为砂粒/淤泥颗粒（20～30μm）和黏土颗粒（<4μm）两部分。前部分用压片法制成无规则定向片；后部分则用干粉、沉降或真空法制成定向片。

但该项技术的不足之处是不能确定各种敏感性矿物在孔隙中的产状及分布，因此必须与薄片、扫描电镜技术配套使用，才能全面指示敏感性矿物的特征。

2）薄片分析

薄片分析技术主要用于测定油藏岩石中骨架颗粒、基质和胶结物的组成和分布，描述孔隙的类型、性质及成因，了解敏感性矿物的分布及其对油气层可能引起的损害。此外，薄片分析结果还有助于对测井资料进行校正。例如，当地层中石英、绿泥石、长石的含量较高时，测井时电导率往往异常，因而对测井解释产生一定影响。而薄片分析结果可用于校正和消除这些影响。

该项技术需首先将岩心磨制成薄片，然后置于光学显微镜下进行观测。薄片样品由极薄的矿片、载玻片和盖玻片组成。一般的制备方法是：将岩石顺一定方向切割成薄板，将一面磨平后用树胶将其黏在载玻片（尺寸为25mm×50mm×1mm）上；然后磨另一面，直至矿片厚约为0.03mm，并能透过可见光时为止，最后将盖玻片（尺寸为15mm×15mm×0.1mm）黏在矿片表面即制成。

岩石薄片分析的技术关键是镜下鉴定，其内容包括：

（1）成岩矿物组分种类及含量。

（2）杂基组分种类及含量。

（3）胶结物的成分、结构和胶结类型。

（4）黏土矿物的组分及含量。

（5）孔隙特征。

（6）结构特征。

（7）显微构造特征。

（8）成岩作用研究。

（9）岩石分类命名。

薄片分析的特点是直观、试验费用低廉，常安排在X-射线衍射和扫描电镜之前进行。但应注意，只有选择有代表性的岩心制成薄片，分析结果才有实际价值。

3）扫描电镜（SEM）分析

扫描电镜分析能提供孔隙内充填物的矿物类型、产状和含量的直观资料，同时也是研究孔隙结构的重要手段。扫描电镜的基本机构如图2－14所示。利用细聚焦的电子束在岩样上逐点扫描，激发产生能够反映样品特征的信息并调制成像。该项技术在保护油气层中的应用包括：对油气层中的黏土矿物和其他敏感性矿物进行观测；获取油气层中孔隙的形态、尺寸、弯曲度以及与孔隙的连通性等资料；估算出粒径小于37μm的地层微粒的类型、含量和分布；对含铁的酸敏性矿物进行检测等。

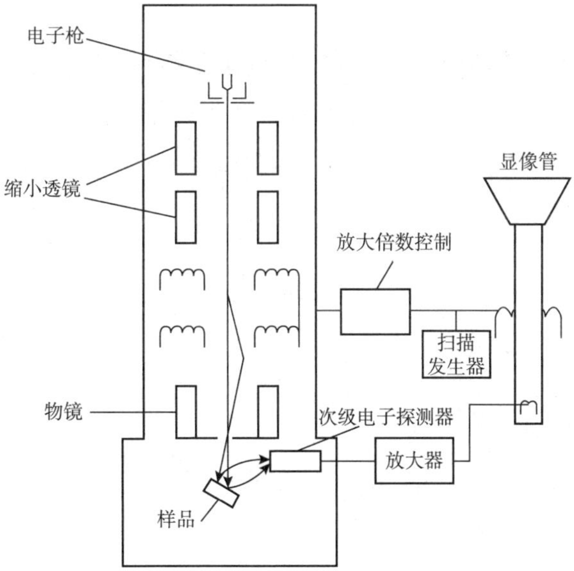

图2－14　扫描电镜基本结构图

扫描电镜分折技术具有制样简单、分析快速的特点。分析前应将岩样用抽提的方法洗净，然后加工出新鲜断面作为观测面。样品直径一般不超过1cm。

此外，用压汞法测定岩石的毛管压力曲线，用 Amott 和 USBM 法测定岩石的润湿性，用红外光谱法测定岩石矿物的组成及所合元素，用图像分析法观测孔喉的尺寸与分布等也都是岩心分析中的常用方法。近年来，以 CT 扫描和核磁共振（NMR）为代表的现代影像技术已越来越多地应用于岩心分析中，这标志着岩心分析技术在揭示油气层的微观特性方面正在发生一个质的飞跃。

2.3.2 油气层敏感性评价

油气层敏感性评价是指通过岩心流动实验对油气层的速敏、水敏、盐酸、碱敏和酸敏性强弱及其所引起的油气层损害程度进行评价，通常简称为五敏实验。1994 年我国制定了《砂岩储层敏感性评价实验方法》（SY/T 5358—94）规范储层敏感性实验，2002 年对该标准进行修订为《储层敏感性流动实验评价方法》（SY/T 5358—2002）。标准 SY/T 5358—2002 适用于空气渗透率大于 $1\times10^{-3}\mu m^2$ 的碎屑岩及碳酸盐岩岩样，也适用于空气渗透率小于 $1\times10^{-3}\mu m^2$，但裂缝开度大于 20μm 的岩样，但对渗透率接近或低于 $0.1\times10^{-3}\mu m^2$ 的致密储层评价难度较大。

该行业标准评价流体敏感性损害需要测量损害前后岩心的渗透率，其基本原理是达西定律［式（2-7）］。通常把用地层水测得的渗透率值作为原始渗透率值，并把它作为与其他液体测得的渗透率值相比较的基础值。通过对比岩心损害前后渗透率判断储层流体对岩心的损害程度。

$$K=\frac{Q\mu L}{A(p_1-p_2)} \tag{2-7}$$

式中 K——岩心渗透率；

Q——流体的体积流量；

μ——流体黏度；

A——流体通过的横截面积；

L——岩心长度；

p_1——岩心进口端压力；

p_2——岩心出口端压力。

储层敏感性评价实验流程如图 2-15 所示。

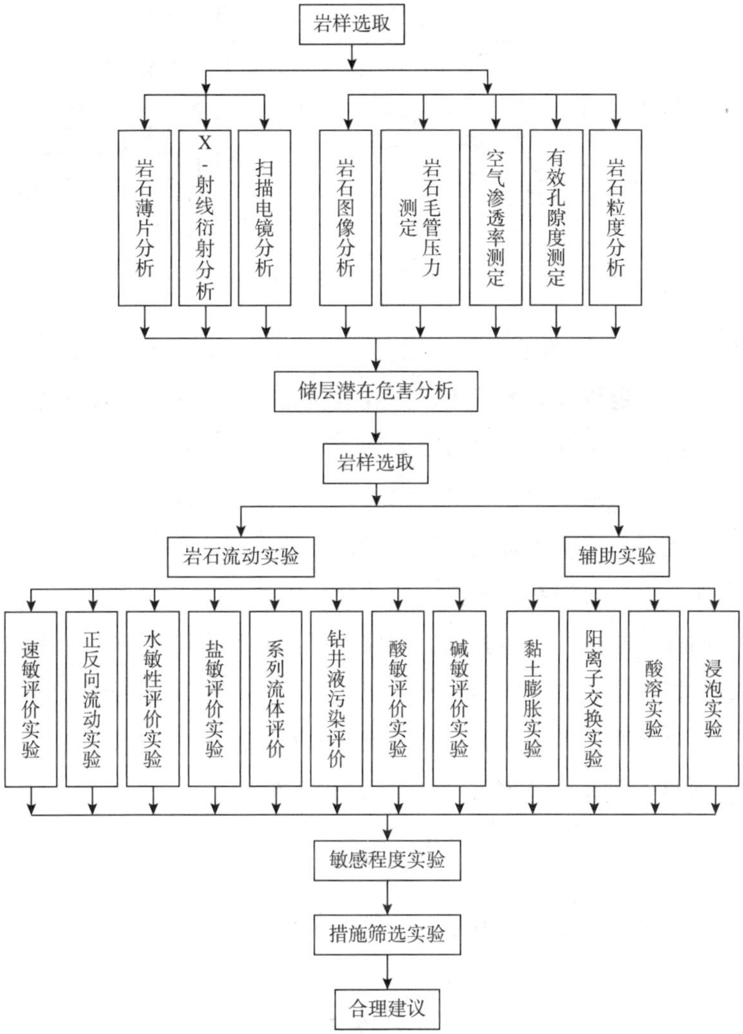

图 2－15　储层敏感性评价实验流程

五敏实验评价的实验装置均为岩心流动试验仪，一般包括动力部分、岩心夹持器、计量部分，还附带中间容器、管线、阀门、六通阀、围压泵、氮气瓶、压力表（或压力传感器）等，如图 2－16 所示。详细实验步骤可参见“砂岩储层岩心流动实验评价程序”部颁标准。

1）速敏评价实验

油气层的速敏性是指在钻井、完井、试油、注水、开采和实施增产措施等作业或生产过程中，流体的流动引起油气层中的微粒发生运移，致使一部分孔喉被

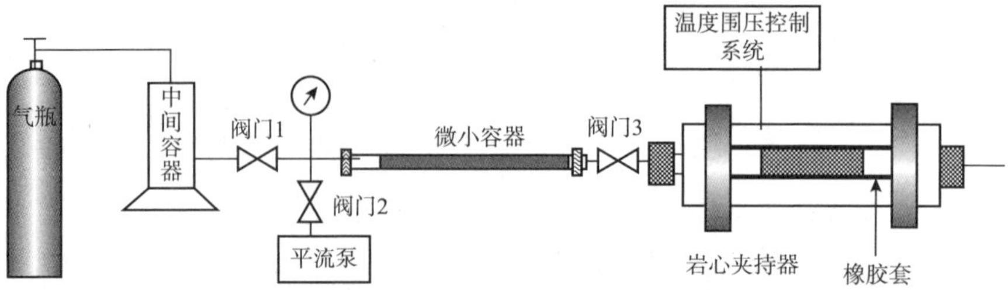

图2-16　岩心流动实验流程示意图

堵塞而导致油气层渗透率下降的现象。试验表明，微粒运移（Fines Migration）只有当流速达到一定程度时才发生，并且运移程度随流速的增加而加剧。进行速敏性评价的目的，一是确定导致微粒运移开始发生的临界流速；二是为后面将要进行的水敏、盐敏、碱敏和酸敏实验以及其他各种损害评价实验提供合理的实验流速。一般情况下，速敏评价实验是需要首先进行的，所有后面评价实验的流速应低于临界流速，一般控制在临界流速的0.8倍。

对于采油井，速敏评价实验应选用煤油作为实验流体，对于注水井，则应使用地层水或模拟地层水作为实验流体。通过测定不同注入速度下岩心的渗透率，判断储层岩心对流速的敏感性。对临界流速的判定标准为：若流量Q_{i-1}对应的渗透率K_{i-1}与流量Q_i对应的渗透车K_i之间满足下式

$$\frac{K_{i-1}-K_i}{K_{i-1}}\times 100\% \geqslant 5\% \tag{2-8}$$

则表明已发生流速敏感，流量Q_{i-1}即为临界流量，然后由临界流量求得临界流速（v_c）。速敏损害评价标准间表2-6。

表2-6　速敏损害程度评价指标

损害程度	≤0.3	0.3~0.7	≥0.7
敏感程度	强	中等	弱

损害程度计算公式为：

$$损害程度=\frac{K_{max}-K_{min}}{K_{max}}\times 100\% \tag{2-9}$$

式中　K_{max}——渗透率变化曲线中各渗透率点中的最大值，μm^2；

K_{min}——渗透率变化曲线中各渗透率点中的最小值，μm^2。

2）水敏评价实验

在油藏条件下，油藏岩石中含有的黏土矿物与地层水处于相对平衡的状态。但是，当某种与储层不相配伍的外来流体侵入后，这种平衡会受到破坏。所谓水敏，主要指矿化度较低的钻井液等外来流体进入地层后引起黏土矿物水化膨胀、分散和运移，进而导致渗透率下降的现象。水敏损害是各种油气层损害类型中最复杂、最主要的一种。产生水敏损害的原因，一方面是由于膨胀性黏土矿物遇水膨胀，减小了油气层的孔隙通道；另一方面是一些非膨胀性黏土遇水产生分散脱落，释放微粒，并且微粒随流体运移而堵塞孔隙通道。

最易产生水化膨胀的黏土矿物有蒙脱石、伊利石/蒙脱石、绿泥石/蒙脱石混层矿物。这是由于蒙脱石的晶体构造使其具有较大的阳离子交换能力和较高的晶层底面水化能。在钻开油层之前，黏土矿物与地层水达到膨胀平衡状态，打开油层后，外来流体随之进入油层，当进入油层的流体的化学成分和矿化度与其不配伍时，岩石中的膨胀性黏土便能在其外表面或单元晶层间吸附大量水分子，使体积发生膨胀。而且，黏土分子结构内吸附的水量受可交换阳离子数的控制。因此，不同种类的蒙脱石黏土膨胀能力也不同，钠蒙脱石具有最强的膨胀性，可膨胀到原来体积的 10 倍，而钙蒙脱石具有中等膨胀能力。此外高岭石、伊利石等非膨胀性黏土，在与阳离子浓度较低或者会有反絮凝离子的水接触时，原有的絮凝平衡状态遭到破坏，使黏土颗粒产生分散，从砂粒表面脱落下来，这些微粒随流体在油层孔隙内运移。同时，膨胀性黏土遇水膨胀后引起的物理不稳定性也促进了分散和运移的发生。黏土膨胀和分散运移的最终结果都造成油气层渗透率损害。

因此，进行水敏评价实验的目的，就是对油藏岩石水酸性的强弱作出评价，并测定最终使储层渗透率降低的程度。

测定时，首先用地层水或模拟地层水测得岩心的渗透率 K_f，然后用次地层水（将地层水与蒸馏水按 1：1 比例相混合而得到）测得岩心的渗透率 K_{af}，最后用蒸馏水测出岩心的渗透率 K_w，通常用 K_w 和 K_f 的比值来判断水敏程度，其评价标准见表 2－7。

表 2－7　水敏程度评价指标

K_w/K_f	≤0.3	0.3～0.7	≥0.7
水敏程度	强	中等	弱

3）盐敏评价实验

在钻完井及其他作业过程中，各种工作液具有不同的矿化度，有的低于地层水的矿化度，有的高于地层水的矿化度。当高于地层水的矿化度的工作液进入油气层时，会引起黏土矿物的收缩、失稳、脱落，当低于地层水的矿化度的工作液进入油气层时，可能会引起黏土的水化、膨胀和分散，都将导致油气层孔隙空间和喉道的缩小及堵塞，引起渗透率的下降，从而损害油气层。

盐敏损害评价实验是测定当注入流体的矿化度逐渐降低时岩石渗透率的变化，从而确定导致渗透率明显下随时的临界矿化度（C_c）。其意义在于，我们在进行钻井液、完井液等工作流体设计时，应将其矿化度保持在 C_c 值以上，才能避免因黏土矿物水化膨胀、分散而对油气层造成损害。有时还需测定流体的矿化度逐渐升高时出现的临界矿化度值，这样得出的 C_c 值往往会高于流体矿化度逐渐降低时的 C_c 值。

实验程序与水敏评价实验基本相同。首先用模拟地层水测定岩样的盐水渗透率，然后依次降低地层水的矿化度，再分别测定盐水渗透率，直至找出 C_c 值时为止。

若矿化度 C_{i-1} 对应的渗透率 K_{i-1} 与矿化度 C_i 对应的渗透率 K_i 之间满足下式

$$\frac{K_{i-1} - K_i}{K_{i-1}} \times 100\% \geqslant \pm 5\% \tag{2-10}$$

则表明已发生盐敏，矿化度 C_{i-1} 即为临界矿化度。

4）碱敏评价实验

地层水一般呈中性或弱碱性，但大多数钻井液、完井液的 pH 值在 8－12 之间。当高 pH 值的工作流体进入储层后，将促进储层中黏土矿物的水化膨胀与分散，并使硅质胶结物结构破坏，促进微粒的释放，从而造成堵塞损害。该项实验的目的在于确定临界 pH 值以及由碱敏引起油气层损害的程度。显然，在设计各类工作液时，其 pH 值应控制在临界 pH 值以下。

测定时，首先以地层水的实际 pH 值为基础，通过适量添加 NaOH 溶液分别配制不同 pH 值的盐水，最后一级盐水的 pH 值等于 12。如果 $(pH)_{i-1}$ 所对应的盐水渗透率 K_{i-1} 与 $(pH)_i$ 对应的盐水渗透率 K_i 之间满足式（2－2）的条件，则表明已发生碱敏，$(pH)_{i-1}$ 即为临界 pH 值。

5）酸敏评价实验

酸敏性是指岩石与酸液接触后，发生有害反应生成沉淀或岩石解体产生地层微粒，而引起油层渗透率降低的现象。最常见的酸敏性损害是对盐酸（HCl）和氢氟酸（HF）的敏感性。油层岩石中有铁质绿泥石和黄铁矿等含铁矿物存在时，将对进入油层的盐酸及高氧流体最敏感。因为这些矿物在溶解于溶液时，释放的铁离子会生成氢氧化铁凝胶［$Fe(OH)_3$］而堵塞油层孔隙通道。方解石、白云石等含钙的碳酸盐矿物则对氢氟酸最敏感。它们会与氢氟酸发生有害反应，生成不溶解的氟化钙沉淀。这些都可减小孔道面积或堵塞喉道降低岩石渗透率。如果储层岩石胶结物中可酸溶物含量高，酸液对骨架的溶解会造成岩石的非固结状态和颗粒运移而损害油层。

酸化是广泛采用的油田增产措施，然而若使用的酸液与油气层不配伍，则会与油气层中的某些矿物、流体反应生成沉淀物或释放出微粒，对孔喉造成堵塞，使酸化达不到预期效果，甚至反而使油气层渗透率下降。酸敏评价实验的目的是通过模拟酸液进入地层的过程，用不同酸液测定酸化前后渗透率的变化，从而判断油气层是否存在酸敏性并确定酸敏的程度。

酸敏评价实验的步骤可简要概括为：先用地层水测出岩样的基础渗透率，再用煤油正向测出注酸前的渗透率 K_1，反向注入 0.5－1.0 倍孔腺体积的酸液，关闭阀门反应 1～3h，最后用煤油正向测定注酸后的掺进率 K_2。根据两渗透率之间的比值（K_2/K_1），可对酸敏程度作出评价，评价指标见表 2－8。

表 2－8　酸敏程度评价指标

K_2/K_1	≤0.3	0.3～0.7	≥0.7
酸敏程度	强	中等	弱

6）评价敏感性损害的压力衰减法

敏感性评价是诊断油气层损害的重要实验手段。一般来讲，对任何一个油田区块，在制定保护油气层技术方案之前，都应系统地开展敏感性评价实验。

但是，致密储层渗透率低，液测渗透率很难准确快速测量，利用行业标准评价低渗—致密岩心损害，存在以下问题。

（1）耗时。致密储层渗透率低，压力传递慢，给岩心上流端加上压差后，需要较长时间，流体才能通过岩心。但是为了测量渗透率，要测量一定压差下通过岩心的流体流量，在压差较低时，流体通过岩心时间长，且流量也较小，很难测量到流体流量。因此，要增加岩心上流端压差。压差增加后，在此压差下的流速还需要很长时间才能稳定。这样反复增加压差，等待流速稳定测量渗透率的过程需要耗费大量的人力和时间。

（2）实验误差大。岩心渗透率低，压力传递慢，要准确测量一定压差下的流量需要很长时间，因此，测量的流量可能不是实验压差下的流量。另外，在实验过程中，很难准确测量微小流量，导致计算出的渗透率产生较大误差。如长50mm、直径25mm和水测渗透率为$1\times10^{-3}\mu m^2$的岩心，依据达西定律可计算出压差为0.5MPa下水的流速为0.005mL/s，即10min岩心能流出3mL水，这么低的流速很难计量，容易产生误差，如果温度比较高时，蒸发作用会增大实验误差。如果用气测渗透率小于$0.1\times10^{-3}\mu m^2$的致密岩心进行实验，流速更小，实验误差更大。

（3）岩心应力敏感性导致测量耗时且测量更困难。致密岩心通常被认为存在比较强的应力敏感性。在实验过程中为了保证岩心的有效应力恒定，在流体流量较小时，为了增大流量，通常就要增大压差，同时，相应增加围压。例如，流体敏感实验过程中，通常下流端为大气压，初始围压定为4MPa，流压为1MPa，这样在岩心进口端施加的有效应力为3MPa，而在出口端的有效应力为4MPa，岩心两端的有效应力相差1MPa。但是对于低渗岩心，在1MPa流压下流体通过岩心并能够顺利测出渗透率可能需要几个小时，因此，通常增大流压提高流量，如果将流压增加到3MPa，要保持入口端有效应力为3MPa，围压必须增加到6MPa，岩心出口端有效应力则为6MPa。流压为7MPa，为了保持入口端有效应力为3MPa，就需要在岩心上施加10MPa围压，此时，出口端有效应力为10MPa。由于岩心存在应力敏感性，这样流体敏感性实验不仅受到应力敏感的影响，而且，由于岩心应力敏感性，岩心下流端的孔喉会变得更狭小，流体更加难以流出。

基于此，有关学者提出了评价致密砂岩储层敏感性损害的压力衰减法。压力衰减法是通过流黏法测试在不同流体流动时的渗透率，评价储层的敏感性，为油田开发提供依据。

压力衰减法基本原理是：由岩心流动实验在岩心入口端加上一定流压，流体在压力作用下沿着岩心流动，在此过程中由于流体的流动使入口端的流压逐渐减小（图2－17）。岩石孔隙度高，渗透性好，则流体在岩心中的流动速度快，压力衰减就快且所用时间短。对低渗透储层而言，由于在测量液体渗透率时很难测量流过岩心的流量。可以通过测量岩心流动实验的流压随时间的衰减关系来评价岩心的渗透性。在钻井、完井等作业过程中，各种外来工作液可能进入储层，如果岩石存在敏感性或外来工作液与岩石不配伍，产生储层损害，降低渗透率，岩心中流体流动速率降低，压力衰减速率也降低，因此，可以通过不同流体与储层岩石接触后，岩心上流端流体压力衰减反应储层渗透率变化，进而评价低渗透储层流体敏感性。

压力衰减法所用设备示意图如图 2－17 所示。

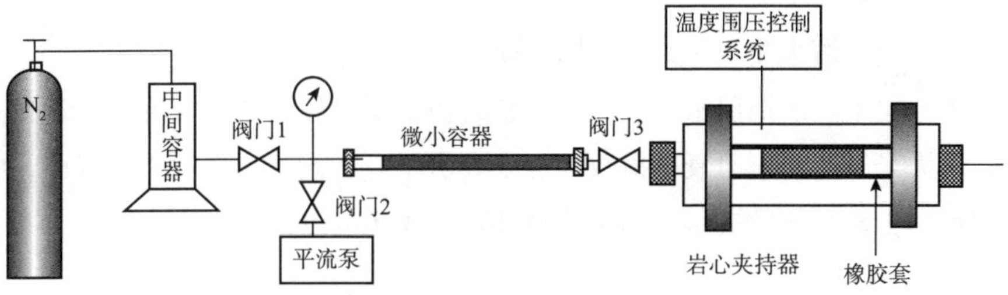

图 2－17　压力衰减法实验流程示意图

以水敏损害为例，介绍压力衰减法评价敏感性损害的实验方法及评价标准。

（1）实验步骤。

①如图 2－17 所示连接实验流程。

②准备实验流体和实验岩心。

③岩心抽真空饱和地层水 40h。

④将地层水加入中间容器，然后把岩心装入岩心夹持器，对管线进行排空后，加上围压（5MPa）。

⑤用 N_2 瓶驱替中间容器流体使岩心上流端压力达到预先设定的初始压力（1MPa），关闭微小容器和压力表（或压力传感器）前的阀门，采集不同时刻压力数据。

⑥当压力下降大于初始压力的 1/3 时，停止压力采集。

⑦用次地层水驱替岩心中地层水，使通过岩心的次地层水体积大于 2PV 后停止驱替，关闭阀门。

⑧以 1MPa 的初始压力用次地层水重复上述④、⑤、⑥。

⑨然后用蒸馏水、正向地层水重复⑦、④、⑤、⑥，并用反向地层水重复④、⑤、⑥采集数据。

⑩实验结束。

（2）实验数据处理。

水敏指数计算公式如下：

$$D_k = \frac{T_w - T_f}{T_f} \times 100\% \quad (2-11)$$

式中 D_k——水敏指数；

T_f——地层水测定压力半衰期，min；

T_w——蒸馏水测定压力半衰期，min。

由于地层水、次地层水和蒸馏水实验的初始压力相同，初始流体的量也是相同的，压力半衰期和压力衰减指数都可以表明压力衰减的速率大小，因此，实验还可以用压力衰减指数表示。水敏指数计算公式还可以表示为：

$$D_k = \frac{E_f - E_w}{E_f} \times 100\% \quad (2-12)$$

式中 D_k——水敏指数；

E_f——地层水衰减指数；

E_w——蒸馏水衰减指数。

（3）评价标准。

为了和现行行业标准衔接，本方法对水敏损害的评价标准见表2-9。

表2-9 水敏性评价标准

水敏指数/%	<5	5~30	30~50	50~70	>70
敏感程度	无	弱	中偏弱	中偏强	强

之所以进行正反向流体驱替，是考察微粒运移损害的程度。若反向驱替后渗透率有回升现象，而随着流量的增加渗透率有下降，则表示岩心中发生了微粒运移。若反向流动后渗透率仍然不变或者继续下降，则说明影响渗透率的主要原因不是微粒运移。当改变驱替方向后，可移动的微粒也随之做反向的机械位移，使部分已经被运移颗粒堵塞了的喉道暂时开放，岩石的渗透率随之回升。但是随着流量增加，可移动的微粒又会在新的部位重新堆积而再次堵塞喉道，此时，岩石渗透率又继续下降，如图2-18所示。

以大牛地气田盒1组和山2组储层选取的岩心为例，分析其水敏性损害评价结果如表2-10、图2-19~图2-22所示。利用压力衰减指数和压力半衰期评价得盒1组岩心水敏损害为强，山2组岩心水敏损害为无。

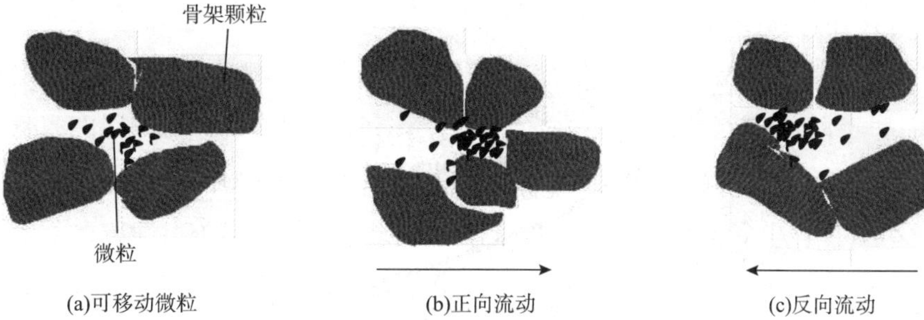

图 2－18　改变流动方向后运移微粒重新分布示意图

表 2－10　水敏评价结果

岩心号	井号	层位	参数	地层水	次地层水	蒸馏水	水敏指数	水敏程度
D24－12B	D24	盒 1	E_i	0.0250	0.0226	0.0067	73.20	强
			T_i/min	28.20	30.68	105.75	73.33	
D12－2－4B	D12	山 2	E_i	0.1656	0.1950	0.1669	－0.79	无
			T_i/min	4.05	3.48	4.13	2.02	

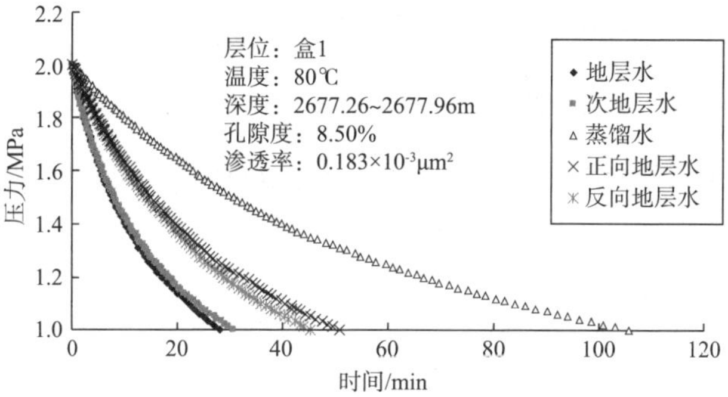

图 2－19　盒 1 组岩心压力半衰期

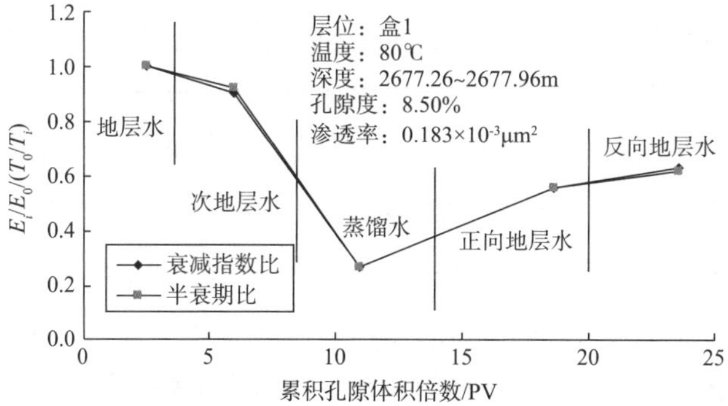

图 2－20　盒 1 组岩心压力半衰期比与衰减指数比的对比分析

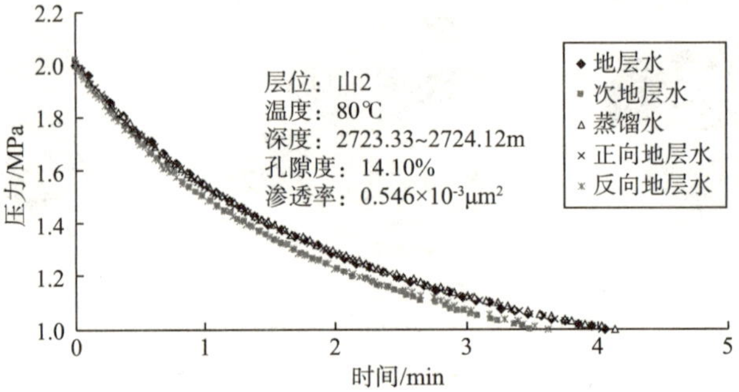

图 2－21　山 2 组岩心压力半衰期

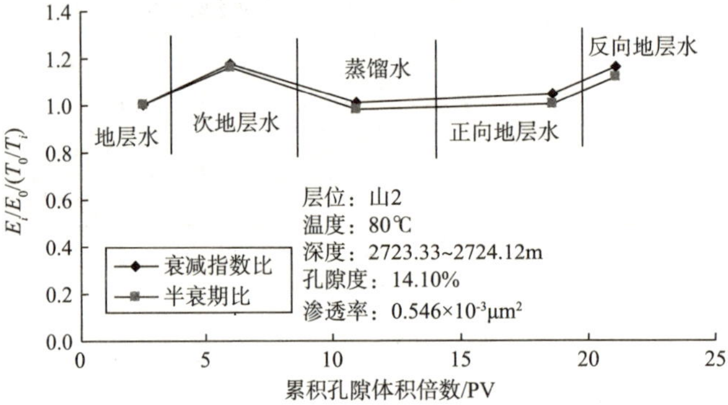

图 2－22　山 2 组岩心压力半衰期比与衰减指数比的对比分析

2.3.3　工作液对油气层的损害评价

钻井液、完井液、水泥浆、射孔液、压井液、洗井液、修井液、压裂液和酸液等外来流体统称为工作液。

开展工作液对油气层的损害评价实验的目的，是通过测定工作液侵入油藏岩石前后渗透率的变化，来评价工作液对油气层的损害程度，判断它与油气层之间的配伍性，从而为优选工作液的配方和施工工艺参数提供实验依据。

该项评价实验应尽可能模拟地层的温度和压力条件。一般先用地层水饱和岩样，再用中性煤油或气体进行驱替，建立束缚水饱和度，并测出污染前岩样的油相（或气相）渗透率 K_o（或 K_g）；然后在一定压力下反向注入工作液，历时 2h。若 2h 内不见滤液流出，可通过延长接触时间或增大驱替压力、直至有滤液流出时为止；将岩样取出并刮除滤饼后，再次用煤油（或气体）驱替，正向测定污染后岩样的油相渗透率 K_{op}（或气相渗透率 K_{gp}），并用下式评价工作液的损害程度：

$$R_s = (1 - \frac{K_{op}}{K_o}) \times 100\% \qquad (2-13)$$

式中 R_s——渗透率的损害率，表示工作液对油气层的损害程度,%；

K_{op}——损害后岩心的油相有效渗透率；

K_o——损害前岩心的油相有效渗透率。

R_s值越大，损害越严重，评价指标同表2－6。

目前，该项评价实验仍以静态损害评价为主。但一些用于动态损害评价和可测量岩样上多点渗透率的装置已相继问世。

工作液的动态损害评价是指在尽量模拟地层实际工作条件下，评价工作液对油气层的综合损害（包括液相和固相及添加剂对油气层的损害），为优选损害最小的工作液和最优施工工艺参数提供科学依据。相比于静态损害评价，在进行动态损害评价时，由于工作液处于循环或搅拌的运动状态，因此可以更真实地模拟井下的实际工况条件，实验结果对现场更具有指导意义。动态情况下，计算损害程度仍然用上述式（2－13），评价指标同表2－6。

此外，一般的动态损害评价仪所测试的结果，反映整个岩心长度上的平均损害程度，而实际渗透率的降低可能仅发生在岩心的某一段，准确测出工作液侵入岩心的真实损害深度对生产具有十分重要的意义。使用多点渗透率测定仪则可以更准确地确定工作液的侵入深度和对油气层的损害程度。

2.4 保护油气层的重要性及预防储层损害的措施

2.4.1 保护油气层的重要性

保护油气层是石油勘探开发过程中重要的技术措施之一。其重要性集中体现在以下方面：

（1）在油气勘探过程中，保护油气层工作的好坏直接关系到能否及时发现油气层和对储量的正确估算。特别是在钻预探井时，由于缺少地质资料，往往容易忽略对油气层进行有效的保护，其结果使一些本来有希望的油气层被误判为干层或不具有工业价值，延误新的油气层或油气田的发现。此外，在探井的钻完井过程中，如果钻井液、完井液的设计和使用不当，经常会影响测井资料与试油结果对储层物性参数的正确解释，从而影响对油气储量的正确计算。

（2）保护油气层有利于油气井产量和油气田开发经济效益的提高。实践证明，在钻井完井作业中应用保护油气层配套技术，可以使油气井产量得到明显提高，同时可以大大减少试油、酸化、压裂和修井等井下作业的工作量，降低生产成本。

（3）有利于油气井的增产和稳产。在油气开采购漫长时期，搞好保护油气层工作仍然非常重要。工作制度不合理和注入水的水质不合乎要求，都可能对油气层造成严重损害。结垢、结蜡、出砂、细菌堵塞以及润湿反转等是油气开采阶段的主要损害形式。只有采取有效措施防止这些损害，才能保证油气井的增产和稳产。

早在 20 世纪 50 年代，以英国为代表的西方产油大国就已开展了保护油气层方面的研究工作。当时主要考虑如何解决钻井液中的固相颗粒对油气层的堵塞和钻井液的滤液侵入后引起储层中黏土矿物的水化膨胀问题。直至 70 年代，保护油气层成套技术才在国外基本形成，并受到高度重视。国际石油工程师协会（SPE）从 1974 年起，每两年举行一次关于保护油气层的国际学术会议，至今已举行了 14 届。我国全面发展和推广这项技术是从 80 年代开始的。保护油气层防止污染的钻井、完井技术曾列入“七五”期间的国家重点科技攻关项目。在这以后的 10 多年里，我国在该技术领域已取得丰硕的成果，共在 7 类典型油气藏中形成了配套技术。

油气层损害的原因是十分复杂的，认识油气层损害需要多学科、多专业的知识，实施保护油气层技术需要油田各生产部门，包括地质、钻井、测井、试油、开发采油和井下作业等多个部门的团队协作。可以认为，保护油气层技术是一项涉及多学科、多专业、多部门并贯穿整个油气生产过程的系统工程。因此，目前保护油气层涉及的技术范围较广，归纳起来主要有以下八方面内容：

（1）岩心分析、油气水分析和调试技术。

（2）油气层敏感性和工作液损害室内评价技术。

（3）油气层损害机理研究和保护油气层技术系统方案设计。

（4）钻井过程中的油气层损害因素和保护油气层技术。

（5）完井过程中的油气层损害因素和保护油气层技术。

（6）油气田开发生产中的油气层损害因素和保护油气层技术。

（7）油气层损害现场诊断和矿场评价技术。

（8）保护油气层总体效果评价和经济效益综合分挤技术。

以上内容组成了一项配套技术，每项内容既是相对独立的，又是相互关联的。

2.4.2 保护储层预防储层损害的措施

油层损害机理可主要分为化学损害机理与机械损害机理。根据我国三类储层（砂岩储层、碳酸盐岩储层和变质岩储层）的特点，对于砂岩储层，一般来说化学损害机理和机械损害机理同时存在，以化学损害机理为主。对于碳酸盐岩和变质岩储层而言，往往以机械损害为主，化学损害为辅。下面着重介绍砂岩储层预防储层损害的原则和相应措施

1）防止化学损害的原则与措施

（1）水敏性。

地层中无论是黏土的水化膨胀，还是微粒分散、运移，均与微粒的带电性有关。因此，预防水敏性损害可从以下方面入手：

①提高外来液体的矿化度：防止黏土层间水化膨胀，压缩微粒表面双电层增加范氏力，减少双电层力，有利于微粒在孔壁上稳定；

②使用阳离子稳定剂：中和微粒和孔壁的负电性，降低斥力，防止膨胀、分散和运移；

③使用油基钻井液：使水润湿的微粒稳定在束缚水膜中；

④使用暂堵型完井液：尽量降低外来液的滤失量。

（2）酸敏性损害。

尽量避免采取酸化措施，必要情况下可采用系列螯合剂，避免有害离子发生沉淀。

（3）开采过程中油井的结垢损害。

也属于化学损害，采取的措施一是使用防垢剂，二是补充地层压力，降低生产压差。

2）防止机械损害的原则与措施

机械损害包括：外来固相粒子的侵入和地层内部微粒的运移。

对于大孔粗喉和中孔中喉的高、中渗透率及中孔细喉的低渗透砂岩储层，及裂缝—孔隙型的碳酸盐岩储层和裂缝—孔隙型的变质岩储层，要重点保护孔隙和裂缝，避免外来固相粒子的侵入，最好采用暂堵型的完井液或射孔液（油溶性、酸溶性）减少固相粒子的侵入。对于地层内部的微粒运移，可采用微粒稳定剂预处理的方法，对于酸化造成的骨架颗粒松散，微粒释放可采用缓蚀酸并配合微粒稳定剂来减缓微粒的释放。

第3章　致密砂岩气藏水相圈闭损害诊断

由第2章内容可知，相圈闭与不利的毛管压力和相对渗透率效应有密切关系。相圈闭的基本表现是，由于某一相流体（气、油、水）饱和度暂时或永久性地增加而造成我们所希望产出或注入流体相对渗透率的下降。当油基工作液进入气层、或者含油污水注入到地层中可形成油相圈闭。凝析气藏开发一段时间后，当井底压力低于气藏露点压力时，凝析液在井眼附近聚集形成油相圈闭。黑油油藏若在低于泡点压力下开采，溶解气的溢出使气相饱和度增加，可出现气相圈闭。

水基工作液滤液进入油气层后，会增加水相的饱和度，降低油或气的饱和度，增加油气流阻力，导致油气相渗透率降低，形成水相圈闭。根据产生毛管阻力的方式，水相圈闭损害可分为水锁损害和贾敏损害。水锁损害是由于非润湿相驱替润湿相而造成的毛管阻力，从而导致油相渗透率降低；贾敏损害是由于非润湿液滴对润湿相流体流动产生附加阻力，而导致油相渗透率降低。对低渗油层和致密气层来说，由于初始含水饱和度经常低于束缚水饱和度，且储层毛管压力大，水相圈闭损害应引起高度重视。

3.1　水相圈闭损害基本概念与特征

水相圈闭（aqueous phase trapping，俗称水锁 water trapping）是相圈闭的主要类型。油气井作业过程中，由于水基液体侵入或生产中水的聚集，使井筒附近储层或裂缝面含水饱和度 S_w 从初始含水饱和度 S_{wi} 到束缚水饱和度 S_{wirr} 再到100%之间变化，导致储层油相或气相渗透率下降的作用或现象，即称水相圈闭损害，它预示了“气藏初始含水饱和度（S_{wi}）低于束缚水饱和度（或不可动水饱和度，S_{wirr}）”这一前提条件，与传统的水锁在概念上有明显的区别。

传统的水锁没有明确指出气藏初始含水饱和度低于束缚水饱和度（或不可动水饱和度）这一前提条件。对于水锁损害，人们通常都是假定油气层的产纯油或产气带的初始水饱和度就是束缚水饱和度，所以，水相圈闭的概念与水锁概念有明显的区别。水锁是指当油、水两相在岩石孔隙中渗流时，水滴在流经孔喉处遇阻，从而导致油相渗透率降低的损害形式。B. Parekh 将水相圈闭归结为：因为水基流体的滤失引起近井带或裂缝高含水饱和度而导致油气相对渗透率的降低。

水相圈闭损害的主要机理是毛管自吸作用和液相滞留聚集效应。贺承祖指出致密储层中存在很强的水锁效应，侵入流体的界面张力、润湿性、黏度、压降及微孔隙半径等决定着水相圈闭的损害程度。廖锐全等研究认为提高排液速度可以提高渗透率，抑制水相圈闭损害。Penny 等（1983）、Mahadevan 等（2005）指出，压裂过程中，在储层中积聚的水基液的消除包括流动气相对水相的驱替和气相流动带来的蒸发，但这种方法耗时多、效果也不显著。同时 Mahadevan 等还实验研究了岩石渗透率、润湿性、表面张力和温度对气相渗透率的影响，指出通过改变润湿性和加入可挥发性溶剂提高蒸发速率可提高水锁的清除速率；在 Berea 砂岩和灰岩中加入甲醇可以加速水相返排，温度增加也能显著地增加灰岩中水相的返排速率，毛管压力严重影响被圈闭水相的清除，用表面活性剂改变近水力裂缝带的润湿性，是对于能量衰竭的致密砂岩气藏水相圈闭消除的有效方法。

水锁损害（water trapping 或 water blocking）一般是指由于水进入油层后引起的液体堵塞，它是一种物理原因的损害。一方面，由于外来水的渗入，改变了油层中的油水分布，含水饱和度增大而含油或含气饱和度降低，必然导致油相或气相渗透率减小，在相同的生产方式下，油气井产量下降。另一方面，由于水的渗入，油层孔道中呈两相共流状态，不连续相则形成液珠，如图 3－1 所示。液珠在流动过程中产生阻碍流动的各种毛管力效应，即液珠静态时的毛管力效应 P_{c1}；液珠开始克服阻力时弯液面变形而产生的第二种毛管力效应 P_{c2}；以及液珠欲通过孔道窄口遇阻变形后带来的新的毛管力效应——贾敏效应。由于油层孔隙网络的复杂性和不均匀性，这些毛管力效应便成为不可忽视的流动阻力。显然，水锁损害与岩石矿物组成无关，只与两相流体的界面张力有关。因此，无论哪种岩性的油气层都存在水锁损害的可能性。

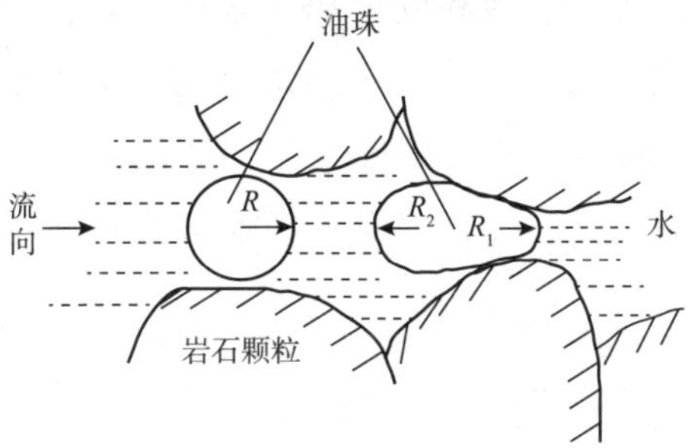

图 3-1　贾敏效应示意图

简单地讲，所谓水锁损害就是，若开井后由于毛管力滞留作用，油相不能驱动水相流向井筒，产层的能量不足以将外来侵入流体排出地层，不能把水段塞驱开，使油气相渗透率降低，从而造成的损害。

3.2　水相圈闭损害分析

3.2.1　水相圈闭损害机理

Keelan 等人（1975）分析了含水饱和度与相对渗透率的关系，指出随着含水饱和度的增加气相渗透率会急剧降低（图 3-2），导致水相圈闭损害的发生，这一过程尤其在井筒附近、水基流体使用时更显著。Holditch 等（1979）历经两年、使用上百台电脑进行数值模拟，取得了具有致密砂岩气藏代表性的岩性数据，得到压裂井中含水饱和度与毛管压力的关系曲线（图 3-3），并认为，若压裂液侵入导致了储层渗透率损害，如果生产压差远大于毛管压力或液相有足够的流动能力，就不会发生严重的水相圈闭损害；否则，渗透率降低将导致毛管压力升高而发生严重的水相圈闭损害，降低气井产量。且渗透率越低，由含水饱和度增加导致的储层损害越严重。胡勇等（2015）研究了含水饱和度对气相渗流能力的影响，对渗透率分别为 $1.63\times10^{-3}\mu m^2$、$0.58\times10^{-3}\mu m^2$、$0.175\times10^{-3}\mu m^2$ 和 $0.063\times10^{-3}\mu m^2$ 的岩心开展了不同含水饱和度条件下的气相渗流能力评价实验，得出了气相渗流能力随含水饱和度变化的规律曲线（图 3-4）。对于渗透率为

1.63×10^{-3}μm^2、0.58×10^{-3}μm^2的岩心，含水饱和度增加到40%以后对气相渗流能力产生明显影响，随含水饱和度增加大幅度下降；对于渗透率为0.175×10^{-3}μm^2、0.063×10^{-3}μm^2的岩心，含水饱和度为20%时即对气相渗流能力产生影响，随含水饱和度增加，气相渗流能力大幅度下降，含水饱和度为30%时气相渗流能力下降幅度在50%以上，说明渗透率越低的岩心气相渗流能力受含水的影响越敏感。

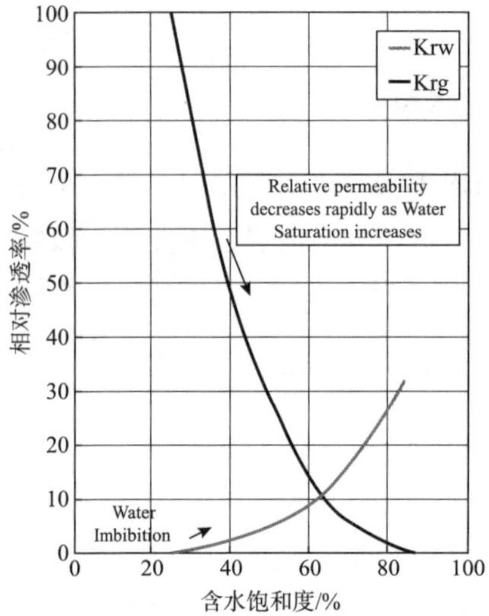

图3－2　相对渗透率曲线
（Keelan，1975）

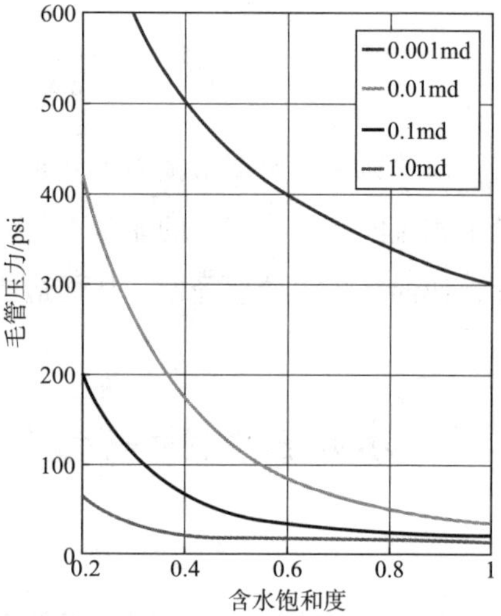

图3－3　毛管压力与含水饱和度关系
（Holditch，1979）

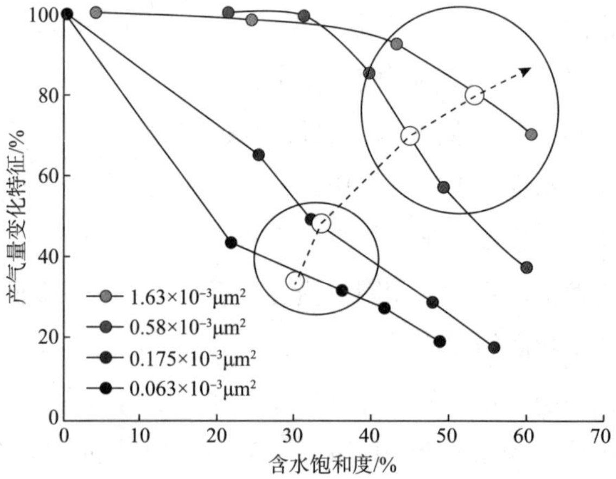

图3－4　不同渗透率的岩心含水饱和度变化对气相渗流能力的影响（胡勇等，2015）

Bennion（2000）形象描述了水相圈闭损害的形成过程及对相对渗透率的影响，如图3－5所示。他指出在外来流体未接触储层之前，初始含水饱和度低（约20%），气相相对渗透率较高；外来流体侵入储层，含水饱和度升高，气相对渗透率随之降低，当含水饱和度达到80%时，渗透率几乎降为0；通过压差返排、射孔等施工后，部分液体被排出，含水饱和度达到束缚水饱和度，但仍不能降低到初始值，气相渗透率显著降低，形成了水相圈闭损害。毛管力作用下的自吸和在近井筒或裂缝面附近的液相滞留是水相圈闭发生的主要原因，尤其存在超低含水饱和度的储层，流体被捕集在细小喉道中，返排缓慢，可能造成储集层永久性液相滞留，使致密气层损害愈严重。要减轻水相圈闭损害，必须及时有效地返排侵入储层的外来流体。

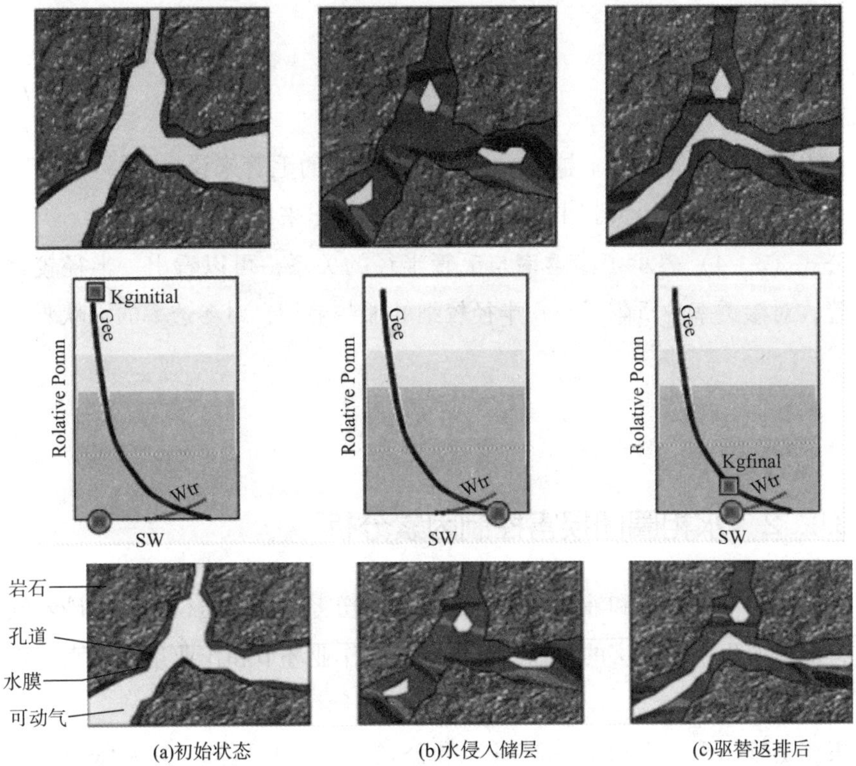

图3－5　水相圈闭损害形成过程及机理

对于低渗透－致密储层，压裂改造能改善其渗流能力，采用降低流体内部的表面张力、改变孔隙几何特征、热处理储层和延长关井时间、增大返排压差等方法，也能不同程度地消除水相圈闭损害。

影响水相圈闭损害程度的，既有热力学因素，也有动力学因素。

根据 Poiseuille 定律，在驱动压力 P 的作用下，从半径为 r 的毛管中排出液体的体积流量 q 为：

$$q = \frac{\pi r^4 \left(P - \frac{2\sigma\cos\theta}{r}\right)}{8\mu L} \tag{3-1}$$

若换算为线速度，则公式（3－1）可以改写为：

$$\frac{\mathrm{d}L}{\mathrm{d}t} = \frac{r^2 \left(P - \frac{2\sigma\cos\theta}{r}\right)}{8\mu L} \tag{3-2}$$

对上式积分，得到从半径为 r 的毛管中驱出长度为 L 的液柱所需要的时间 t 的计算公式：

$$t = \frac{4\mu L^2}{\mathrm{Pr}^2 - 2r\sigma\cos\theta} \tag{3-3}$$

可以看出：毛管半径 r 越小，对于相同长度的毛管来说，其排液时间越长。也就是说，液体将按由大到小的顺序逐渐被驱替出来。

公式（3－4）表示了渗透率与毛管半径的关系，可以看出：半径较大的那些毛管，对渗透率的贡献要小；半径较细的那些毛管，对渗透率的贡献要大。

$$K = \frac{\varphi}{2}\sum_{r_k}^{r_{\max}} r_i{}^2 S_i \tag{3-4}$$

3.2.2 水相圈闭损害控制因素分析

研究表明毛管自吸和液相滞留是产生水锁伤害的重要途径。致密砂岩气藏的储集特征是产生水锁伤害的内在因素，而施工作业环节和作业条件是水锁伤害的外在诱发因素。

根据毛管压力计算公式（2－1）和公式（3－3）可知，黏附张力 $\sigma\cos\theta$ 对热力学和动力学水锁都有影响。而毛管半径 r、驱动压力 P、浸入深度 L 和液体的黏度 μ 只是影响动力学水锁效应。

储层岩石致密、驱动压力低以及作业液浸入深度较大时，容易产生动力学水锁效应。就处理剂而言，降低黏附张力和液体黏度，对减少或消除热力学水锁和动力学水锁都有好处。

无论从热力学还是动力学因素来说，所有使岩石孔喉半径减小的因素，都会促使水锁效应的加剧。也就是说，凡是造成储层堵塞的所有作用，也都会加剧水锁效应，降低油相和气相的渗透率。

3.2.2.1 内因——地质因素

储层岩性的影响。储层岩石的亲水特征决定了孔道中毛管力的方向与产气方向相反，毛管力为阻力。另外由于水是一种极性很强的液体，组成岩石的矿物也是极性的，因此水极易吸附到岩石表面，形成一层吸附层，该吸附层十分牢固，不易清除。

1）孔喉类型与微结构

毛管自吸和液相滞留是产生水相圈闭损害的途径。鄂尔多斯盆地北部上古生界致密砂岩气藏孔隙类型有粒间孔、次生溶孔、晶间微孔和微裂缝，其中粒间孔和次生溶孔为主要的孔隙类型，喉道多以片状和弯片状为主，喉道半径小、喉道面大，存在高毛管力作用，具有毛细管和面均易于吸附外来流体的特征，侵入储层的外来流体返排困难，使得该区液相滞留效应明显。

2）超低含水饱和度

致密砂岩气层中初始含水饱和度并不等于束缚水饱和度，而是局部存在超低含水饱和度现象。岩石越致密，气相有效渗透率对含水饱和度越敏感，含水饱和度稍有增加，气井的产量将大幅度降低，当含水饱和度在65%以上时，气藏的气测渗透率基本上变为0。气藏初始含水饱和度 S_{wi} 与束缚水饱和度 S_{wirr} 的差值越大，不利的相渗效应就越明显，水相圈闭渗透率损害的潜力就越高。

当水基工作液与气层接触后，即使没有过平衡压力，由于存在超低含水饱和度，在毛管自吸作用下，都能发生相当严重的侵入；即使在水基流体（包括泡沫）循环与气层接触时使用欠平衡作业情况，近井地层或裂缝面含水饱和度也将明显增加，其机理如图3－6所示。

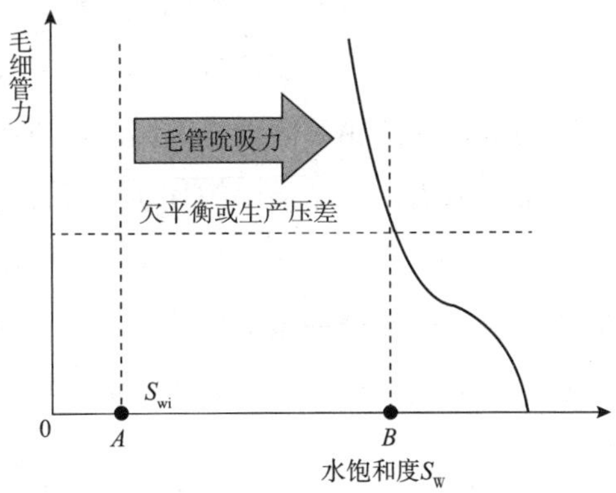

图3－6 致密含气砂岩毛管自吸机理

3）天然裂缝发育

通常致密砂岩不同程度地发育微裂缝和天然裂缝。在钻井完井作业过程中，钻井完井液的固相和液相通过天然裂缝侵入储层深处，固相在裂缝狭窄处沉积，随后压裂或其他作业的工作液会将固相携带到储层更深处；滤液也会自吸入裂缝两侧储层，严重削弱裂缝的作用，发生工作液滞留，导致裂缝面含水饱和度升高，产生水相圈闭损害，导致人工缝和天然裂缝失效。同样，当边水底水与裂缝接触后，将沿着裂缝快速推进，同时一部分自吸入裂缝两侧储层，很难被清除，严重降低气井开采寿命和天然气采收率。

4）黏土矿物丰富

致密含气砂岩多为水润湿性，岩石中黏土矿物含量和种类丰富，黏土矿物具有吸引极性分子水的能力，并形成水化膜，同时黏土矿物增加了基块岩样比表面和束缚水的能力，降低岩石的渗透率。钻井、完井和增产等作业过程中侵入的工作液滤液及其中的聚合物与黏土矿物接触，可使黏土矿物膨胀、脱落、分散运移，堵塞喉道，进一步增加液相滞留的能力。

5）气藏压力和可能提供的最大压降

流体饱和度与施加在该体系的毛管压力梯度直接相关，压差越大，产生的毛管压力梯度就越高，最终剩余水的饱和度就越低。在钻井、完井等作业过程中，工作液更易侵入低压或衰竭油气层。低压气藏对侵入液所能提供的返排压差有限，更易发生水相圈闭损害且损害靠自身能量很难消除。

6）储层流体性质

不同层位气体组分有所不同，重烃含量高，则在生产后期，温度、压力降低到露点压力以下时，可能有凝析液体在井筒附近或裂缝面析出并聚集，减小气体的流动通道，降低相对渗透率，出现严重水相圈闭或油相圈闭损害。储层气体中含有少量的 CO_2，当储层中的气相从高压地层流向压力较低的井筒时，CO_2分压下降，地层水组分改变，就会导致 $CaCO_3$溶解度下降并析出沉淀，这些沉淀会附在储层孔道表面，进一步降低孔道半径，使毛管力增加。图 3－7 给出了致密砂岩气藏主要地质特征与水相圈闭损害之间的关系。

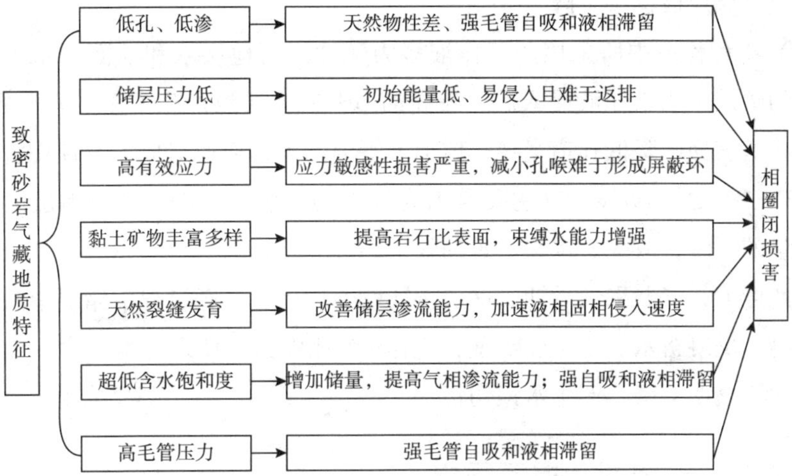

图 3-7　致密砂岩地质特征和水相圈闭损害之间关系

3.2.2.2　外因——工程因素

1）压差

正压差是致密屏蔽环形成的关键。但如果作业压差过大，储层可能会被压漏，造成工作液漏失。工作液侵入天然裂缝甚至储层深处，使天然裂缝和裂缝表面严重损害，难于恢复；压差过小，不能快速形成暂堵带，工作液也将侵入储层，井筒附近含水饱和度大幅增加；在欠平衡钻井作业过程中，如果欠平衡压差不能克服致密储层的高毛管压力，工作液滤液也将逆流自吸入储层，产生水相圈闭损害。

2）入井流体性质

如果固相颗粒尺寸和储层孔喉大小、裂缝宽度不能匹配，不能在井筒附近快速形成滤饼，或滤饼强度不够而不能抗高压、阻止工作液的侵入，也将产生水相圈闭损害。

（1）前期工程作业中，钻完井和储层改造工作液大多采用水基工作液，工作液中的水相将在高毛管压力作用下自吸进入储层。另外，作业一般采用正压差，可以使水相克服孔喉处产生的贾敏效应，侵入储层深处，而气藏压力低，侵入液不易返排，因此产生水锁损害。

（2）工作液与储层岩石的不配伍性会导致储层黏土矿物膨胀、分散、运移等，从而导致储层的孔隙进一步缩小，束缚水的能力进一步增强，使液体的渗流能力变差，储层渗透率下降。

（3）工程作业中所采用的工作液多为碱性，而地层水和地面水中均含有不同程度的碳酸，当工作液侵入后，较高的 pH 值会导致产生更多的碳酸钙沉淀，附着在孔道表面，降低孔道半径，增加毛管力。工程作业造成的水锁伤害到采气后期就表现得更为 明显，这主要是因为气井到了生产后期，由于地层能量的降低，产量的下降，放大了水锁伤害的效果。

由此可见，气藏采气后期，储层特征就会导致在产气过程中储层中的反凝析烃化合物、反凝析水、可动水被捕集，造成液相滞留，使近井地带含水饱和度上升，气相渗透率下降，产生水锁伤害。

3.2.3　水相圈闭损害后果

水相圈闭损害会引发流体敏感性损害、产生化学力学耦合损害、加重应力敏感等（图 3－8），最终导致储层流体产出或注入能力显著下降。其严重后果表现为：

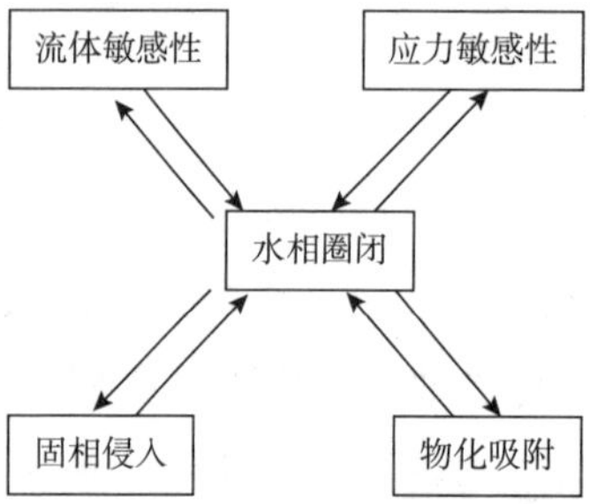

图 3－8　水相圈闭损害与其他类型损害的关系

（1）妨碍气层的及时发现和准确评价。若含水饱和度异常高导致测井解释有误、储量计算偏差大，甚至会被判定为不具开采价值的干层，影响资源评价的准确性。

（2）增加作业成本。水力压裂、干气注入、热处理等措施是使气井增产的常用补救手段。但此过程也会对储层造成水相圈闭损害，导致施工失败、效果适得其反。

（3）降低天然气采收率。水相圈闭损害会使气相渗透率降低 70%～90%，水相圈闭严重的气井不能有效泄流，当含水饱和度达到 60% 以上时，气井基本无产出。

（4）减缓开发进程，延长资金回收期。气井一旦存在损害，就必须进行补救措施才能恢复产能。这必将耗费大量时日、延长资金回收期、增加成本。若补救过程再次出现损害，则累加的损害造成的后果是无法准确估计的。

3.3 水相圈闭损害预测

3.3.1 预测方法——相圈闭系数（PTC）法

当前预测水相圈闭的方法主要有渗透率损害率、水相圈闭指数 APTi（D B Bennion，1995）和相圈闭系数（PTC）法（游利军，2005）。另外，也可通过对实验数据进行多元回归处理、利用灰色静态模型及神经网络等专家系统来预测水相圈闭损害，但实际推广运用较难。

本章对比了前三种方法的应用及其优缺点（表 3 – 1）。其中渗透率损害率、水相圈闭指数 APTi 法主要针对油层水锁损害的预测评价。由于致密含气储层有别于油层的特殊性质，在损害预测方面主要利用相圈闭系数（PTC）法（表 3 – 2），该方法同时考虑了液相侵入的影响因素、液相返排的影响因素及损害机理，具有一定的优越性。

表 3 – 1 水相圈闭损害预测方法对比

预测方法	评价指标		优点	缺点
渗透率损害率	$a = \frac{K_g(S) - K'_g(S)}{K_g(S)}$	$0 < a < 1$；$a = 1$ 储层堵死；$a = 0$ 流体完全返排；$a > 1$ 储层改善	使用简单，用于常规储层损害预测	不能反映储层性质，渗透率测量困难
APTi 指数法	$APTi = 0.25\lg(K_a) + 2.2\ (S_{wi})$	APTi < 0.8，强；0.8 < APTi < 1.0，中等；APTi > 1.0，弱	考虑了渗透率和初始含水饱和度	没有考虑生产压差、流体性质等
PTC 系数法	$PTC = e^{-\sqrt{\frac{k}{\varphi}} \cdot \frac{\Delta p}{\sigma\cos\theta \cdot \mu_m} \cdot \frac{S_{wi}}{S_{wirr}}}$	预测标准见表 3 – 2	因素全面，使用简便、易推广，适合气藏	—

K_g（S）和 K_g'（S）分别是外来流体滞留前后油气相对渗透率；K_a为气测渗透率；K 为渗透率，μm^2；φ 为孔隙度,%；σ 为界面张力，mN/m；Δp 为流体排出时油气藏提供的最大压差，kPa；μ_m为侵入相黏度和储层油（或气）的黏度比；θ 为接触角；S_{wi}和 S_{wirr}分别为初始含水饱和度和束缚水饱和度。

表 3－2　PTC 系数法预测水相圈闭损害程度标准

相圈闭系数 PTC	PTC＜0.05	0.05≤PTC＜0.3	0.3≤PTC＜0.5	0.5≤PTC＜0.7	PTC≥0.7
损害程度	无	弱	中等偏弱	中等偏强	强

3.3.2　相圈闭系数法的应用

本书利用相圈闭系数法对鄂尔多斯盆地北部上古生界大牛地气田的水相圈闭损害程度进行了预测（表 3－3）。孔隙度和渗透率为 SCMS300－Ⅱ型高温高压孔/渗联测仪测得的 300 余块岩心物性的统计值，储层压力来至 D12 井区 DST 测试压力资料。根据气田测试资料和相渗曲线结果，分别对初始含水饱和度和束缚水饱和度赋值 25% 和 50%。致密砂岩大多为水润湿，故取接触角为 0°，界面张力值为 72.4mN/m，水气黏度比值取 58.5。

表 3－3　储层水相圈闭损害程度预测结果

层位	渗透率 K/ $10^{-3}\mu m^2$	孔隙度 φ/%	初始含水饱和度 S_{wi}/%	束缚水饱和度 S_{wirr}/%	储层压力 P/MPa	PTC 系数	损害程度	备注
盒 3	1.36	10.27	25	50.00	24.8	0.71	强	砂岩气层
盒 2	0.73	8.66	25	50.00	24.51	0.77	强	砂岩气层
盒 1	0.55	9.09	25	50.00	23.56	0.81	强	砂岩气层
山 2	0.58	7.94	25	50.00	24.78	0.78	强	砂岩气层
山 1	0.66	7.62	25	50.00	22.9	0.78	强	砂岩气层
太 2	0.7	8.58	25	50.00	23.58	0.78	强	砂岩气层
太 1	0.23	6.19	25	50.00	27.1	0.82	强	砂岩气层

注：表中计算使用参数：水的表面张力 72.4mN/m，油水界面张力为 30mN/m，气黏度为 $\eta = 1.71 \times 10^{-2}$mPa·s，而石油黏度为 1×10^{-3}mPa·s，水黏度 η 为 1.0mPa·s。

由表 3－3 可见，盒 3—太 1 段储层水相圈闭损害系数为 0.71～0.82，预测结果均表现为强的水相圈闭损害程度，系数越大，水相圈闭损害程度越强。

现场提供了 D12 井区－D66 井区储层参数，利用这些参数分别再次对 D12 和 D66 井区的水相圈闭损害进行了预测（表 3－4），并分析随着喉道半径的变化，水相圈闭的损害程度的变化（图 3－9、图 3－10）。结果再次表明，大 12 井区和大 66 井区均存在强水相圈闭损害，相圈闭系数在 0.96～0.98 之间，表 3－4 中 PTC 系数比表 3－3 中偏大，是由孔隙度和渗透率值不同造成的。

表 3-4 大 12-大 66 井区水相圈闭损害程度预测

层位	大 12 井区					
	平均孔隙半径 r/μm	平均喉道半径 r/μm	孔隙度 φ/%	渗透率 K/$10^{-3}\mu m^2$	PTC 系数	损害程度
盒 3	22.09	0.31	9.53	0.62	0.98	强
盒 2	31.08	0.28	9.65	0.98	0.97	强
盒 1	38.38	0.26	10.31	0.76	0.98	强
山 2	47.69	0.45	9.21	0.74	0.97	强
山 1	20.02	0.23	8.08	0.72	0.97	强
太 2	9.45	—	7.28	0.43	0.98	强
太 1	—	—	6.57	0.68	0.97	强
层位	大 66 井区					
	平均孔隙半径 r/μm	平均喉道半径 r/μm	孔隙度 φ/%	渗透率 K/$10^{-3}\mu m^2$	PTC 系数	损害程度
盒 3	28.74	0.39	10.18	1.12	0.97	强
盒 2	29.85	0.28	7.85	0.58	0.98	强
盒 1	35.47	0.30	9.41	0.80	0.97	强
山 2	25.17	0.28	7.95	0.83	0.97	强
山 1	26.25	0.31	7.78	0.51	0.98	强
太 2	28.57	0.31	8.25	0.86	0.97	强
太 1	26.16	0.56	7.93	0.69	0.97	强

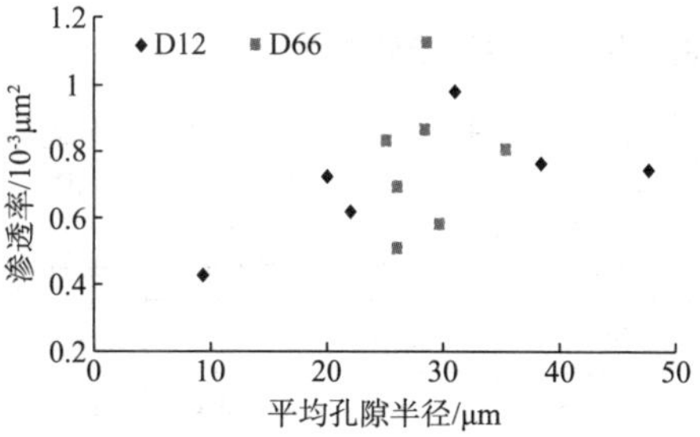

图 3-9 孔隙半径与渗透率关系

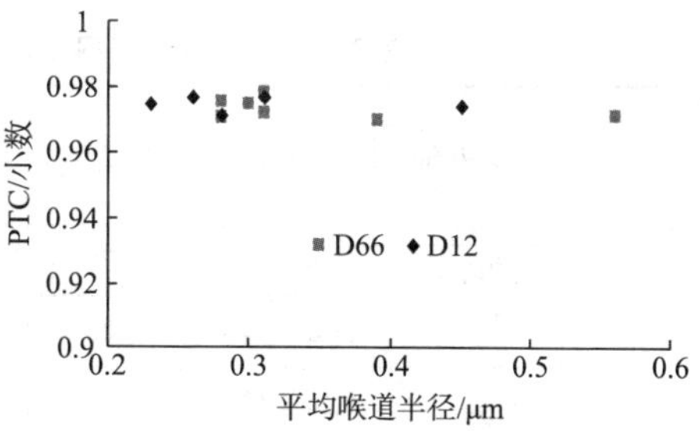

图 3-10 喉道半径与水相圈闭系数关系

从图 3-9 和图 3-10 可以看出，平均孔隙半径与储层渗透率基本正相关，储层喉道半径与水相圈闭系数呈明显的负相关，喉道半径越大、损害越低，系数越小。孔喉半径小的储层（物性差）渗透率低，存在较高的毛管压力，高毛管压力下的自吸将造成井筒附近或裂缝面含水饱和度升高，会进一步导致气/液相对渗透率降低（图3－11）。

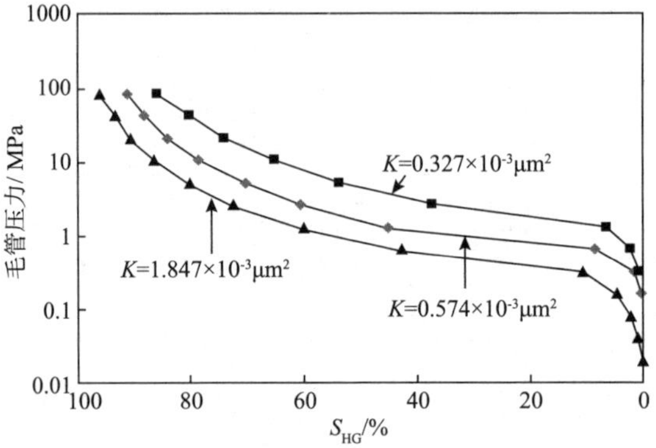

图3－11　大牛地气田部分储层毛管压力曲线（深度2647.68～2653.05m）

3.4　水相圈闭损害实验评价

实验岩样共14块次（表3－5），取至鄂尔多斯盆地大牛地气田，采用模拟地层水和低固相钾铵基聚合物钻井完井液滤液，进行毛管自吸实验，确定自吸速率及含水饱和度；之后对自吸岩样进行毛管液相滞留实验，得到液相的返排率，结合无因次相圈闭系数法对水相圈闭损害的预测结果，分析水相圈闭损害程度。

表3－5　大牛地气田不同层位水相圈闭损害评价岩样物性

层位	井深 H/m	岩心号	长度 L/cm	直径 D/cm	重量 G/g	孔隙度 φ/%	渗透率 K/$10^{-3}\mu m^2$	实验流体
盒3	2692～2710	D44－34C	5.78	2.48	59.158	19.16	0.650	滤液
		D44－34A	5.28	2.48	54.026	18.94	0.680	地层水
盒2	2729～2751.5	D14－13A	5.48	2.48	64.669	9.16	0.684	滤液
		D12－17B	4.39	2.47	46.451	16.70	0.692	地层水
盒1	2770.4～2791.5	D24－12A	5.99	2.50	72.416	7.76	0.231	滤液
		D24－14A	6.29	2.48	76.248	7.41	0.216	地层水

续表

层位	井深 H/m	岩心号	长度 L/cm	直径 D/cm	重量 G/g	孔隙度 φ/%	渗透率 K/$10^{-3}\mu m^2$	实验流体
山 2	2817.10 ~ 2847	D12 − 31	5.15	2.48	58.573	11.78	0.695	滤液
		D12 − 34A	5.93	2.48	66.207	14.24	0.64	地层水
山 1	2861.5 ~ 2897.5	D44 − 5D	6.00	2.49	76.584	2.05	0.056	滤液
		D44 − 5F	6.06	2.49	77.684	2.02	0.052	地层水
太 2	2558.5 ~ 2924	DK22 − 7A	5.62	2.47	64.663	9.41	0.607	滤液
		DK22 − 5B	5.56	2.48	65.270	7.53	0.537	地层水
太 1	2595 ~ 2920	D10 − 6B	6.07	2.48	73.661	6.77	0.047	滤液
		D10 − 6C	6.00	2.49	72.986	6.87	0.055	地层水

3.4.1 主要实验仪器介绍

3.4.1.1 毛管自吸评价仪

图 3 − 12 为垂置毛管自吸评价仪示意图。电子天平和 LCR 测量仪与电脑连接，电脑自动采集数据。岩心悬吊在精度为 0.1mg 的电子天平下，天平自动记录自吸岩心的重量变化；智能 LCR 测量仪用来测量随毛管自吸含水饱和度的变化岩样电阻；实验中，应尽量保持杯中液面深度，减小液面变化对实验结果的影响。该装置可用来评价自吸速率、自吸量、含水饱和度、岩样电阻率的变化、自吸深度等参数。

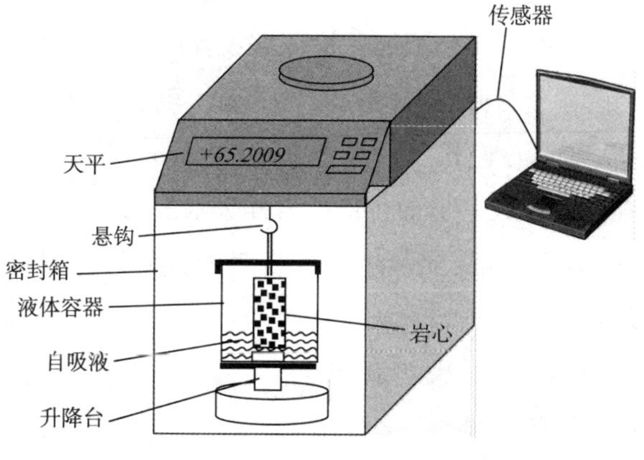

图 3 − 12　垂置毛管自吸评价仪

3.4.1.2 岩心流动仪

主要装置包括动力设备（氮气瓶）、岩心夹持器、压力表、微小容器、计量装置等（图3-13）。实验前检查装置的密封性和压力表是否完好，之后将具有一定含水饱和的岩心装入岩心夹持器中，加合适的围压与温度；打开阀门1，气体通过微小容器驱替岩心中的液相，必要时可将岩心取出称重，或通过计量装置计算气体的驱替速率。

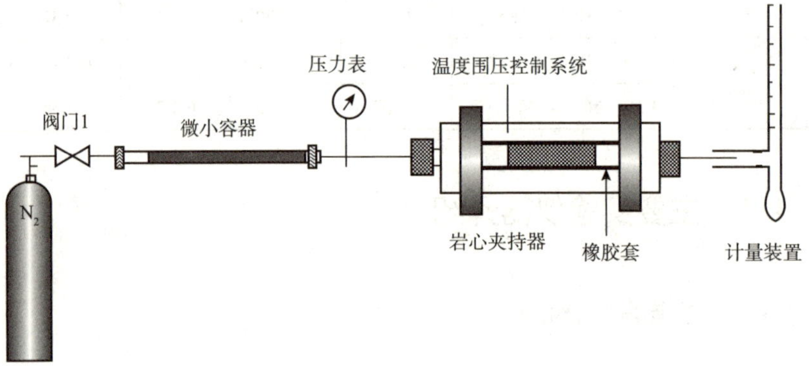

图3-13　毛管液相滞留装置示意图

3.4.2 水相毛管自吸实验

3.4.2.1 实验步骤

（1）测定岩样基本参数（岩心重量、孔隙度、渗透率及基准渗透率）并选择岩样（见表3-5），准备实验流体，检查自吸程序、连接装置，打开电子天平电源，天平校正、清零，打开自吸调控程序，输入正确参数。

（2）先将电极与岩心连接，使两电极间距2cm，底部电极距岩样自吸端0.5~1cm，将岩样悬挂在天平下面，记录岩样吸水前的重量和电阻。

（3）调节底座盘的高度，向盘中注入自吸液，使岩样浸泡在自吸液中2~3mm，开始采集数据。

（4）自吸10h时间后，结束实验退出自吸程序，处理实验数据，将岩样妥善保存，用于毛管液相滞留实验。

3.4.2.2 结果与讨论

滤液自吸速率山 2 > 盒 3 > 太 1 > 盒 1 > 太 2 > 盒 2 > 山 1，7 个层位中滤液的自吸速率都较地层水的大。地层水和滤液两种流体都表现为山 2 段和盒 3 段储层自吸能力强，而山 1 段自吸能力相比而言最差（图 3 – 14、图 3 – 15）。山 2 段和盒 3 段的伊/蒙间层矿物含量相对较高，盒 3 段的平均配位数和山 2 段的孔喉比分别为 0.59 和 5.37，相对较大，自吸侵入的流体能快速地分散到其他孔隙和喉道中，侵入岩石更深处，使自吸能继续进行，且岩石的比表面积大，外来水相易于在高岭石集合体中形成水相圈闭损害。大牛地气田中轻烃组分含量随深度增大而升高，上部储层更倾向亲水，在没有优质滤饼情况下，工作液滤液快速自吸侵入盒 2 +3 和山 2 段，发生水相圈闭损害。另外，山 2 段储层物性最好，孔隙度均值为 9.85%，渗透率均值为 $1.20\times10^{-3}\mu m^2$，故自吸速率较快；山 1 段泥质含量较高，平均为 6.2%，水化作用明显，损害后自吸减弱。

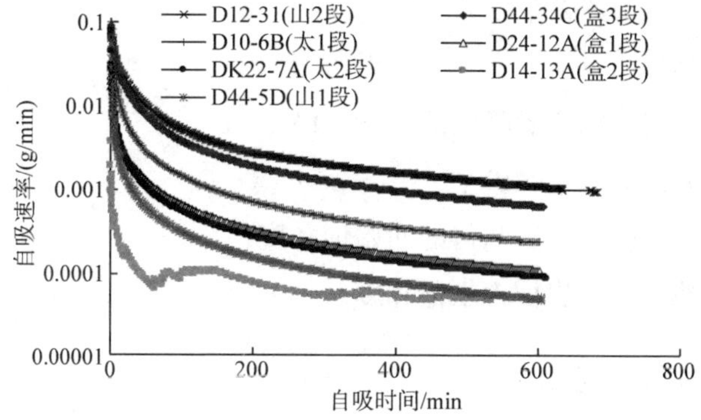

图 3 – 14 不同层位岩样滤液自吸速率

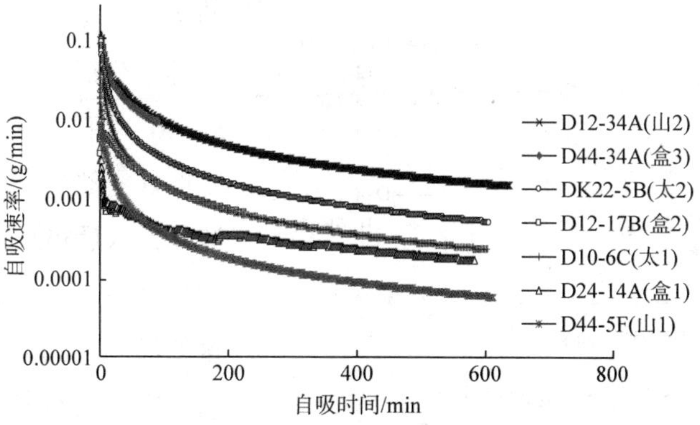

图 3 – 15 不同层位岩样地层水自吸速率

3.4.3 毛管液相滞留评价实验

评价液相返排能力，分析返排困难对流体渗流造成的影响。所用岩样为以上毛管自吸后岩样，共14块次（见上表3－5），实验装置见3.4.1.2。

3.4.3.1 实验步骤

（1）检查氮气源，确定压力表等设备是否完好，连接线路。

（2）将自吸后的岩样称重得到驱替前的初始含水饱和度S_i后正向放入岩心夹持器。

（3）加围压3MPa，打开氮气瓶阀门，在1MPa流压下进行正向气驱实验，一定时间间隔后将岩心取出，称重，再重新放入岩心夹持器中，重复进行约10h。

（4）处理实验数据，分析结果。返排率计算公式见式（3－5）。

$$C = \frac{PV_d}{PV_i} \times 100\% \text{ 或 } C = \frac{S_i - S_d}{S_i} \times 100\% \tag{3-5}$$

式中 C——返排率；

PV_i——自吸实验结束后吸入的水量，PV；

PV_d——排驱出的水量，PV；

S_i——自吸实验结束后测得的初始饱和度；

S_d——驱替10h后岩样含水饱和度。

3.4.3.2 结果与讨论

盒3、盒2、太2层位的平均返排率30%～40%，山1、山2层位平均返排率约25%，盒1和太1层位平均返排率分别为20%和12%（图3－16、图3－17和表3－6），物性好的储层返排率相对较大。液体侵入后很难被排出，可见，大牛地气田7个层位都存在严重的液相滞留现象，是水相圈闭损害发生的主要原因。

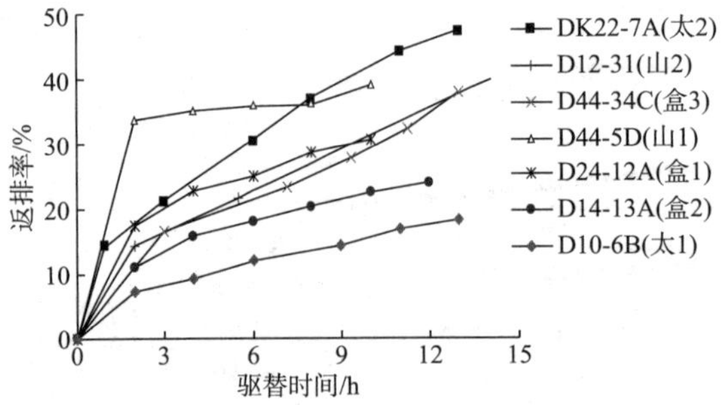

图3－16 滤液返排率

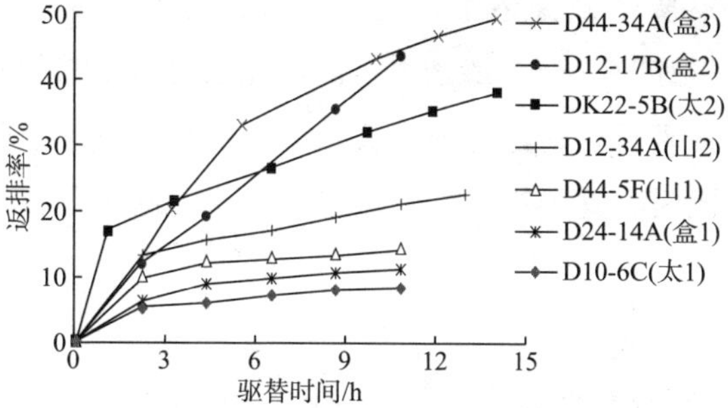

图 3－17　模拟地层水返排率

表 3－6　各层位液相返排率

层位	岩心号	岩样含水饱和度 S_w/%		返排率/%	流体类型
		初始	驱替 10h 后		
盒 3	D44－34A	57.6	31.9	44.7	地层水
	D44－34C	36.2	24.5	32.3	滤液
盒 2	D12－17B	16.5	9.7	41.5	地层水
	D14－13A	54.6	42.4	22.4	滤液
盒 1	D24－14A	32.6	29.2	10.5	地层水
	D24－12A	32.3	22.4	30.7	滤液
山 2	D12－34A	89	71.1	20.1	地层水
	D12－31	79.9	55.7	30.1	滤液
山 1	D44－5F	47.4	40.9	13.7	地层水
	D44－5D	7.6	4.6	39.5	滤液
太 2	DK22－5B	60.3	40.4	33	地层水
	DK22－7A	43.9	25.4	42.1	滤液
太 1	D10－6C	38.3	35.3	7.8	地层水
	D10－6B	31.8	26.5	16.8	滤液

3.5　物性对水相圈闭的影响

侵入流体的界面张力、润湿性、黏度、压差及微孔隙半径等因素决定着水相圈闭损害程度。本书在毛管自吸、液相滞留评价等一系列实验的基础上，分析了岩心的物性参数（孔隙度及渗透率）与毛管自吸速率及液相返排率的关系。总体来看（图3－18～图3－23），渗透率越高的储层更容易获得相对较大的自吸速率和液相返排率，损害较轻，这是因为液相饱和度在岩心中经历了饱和度增加和重新分布的过程；同时，这类物性好的储层，液相的返排更容易。

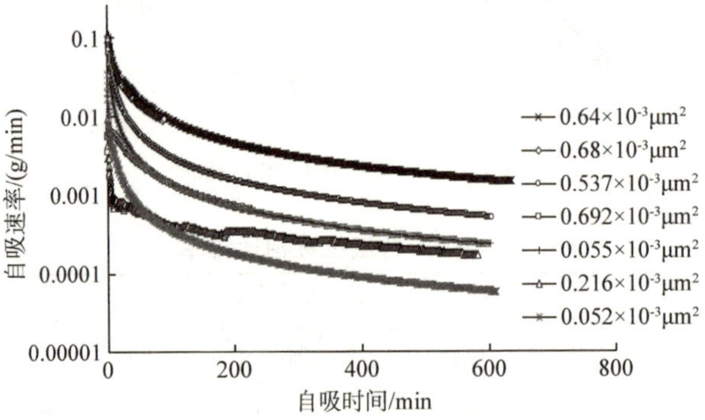

图3－18　渗透率对地层水毛管自吸的影响

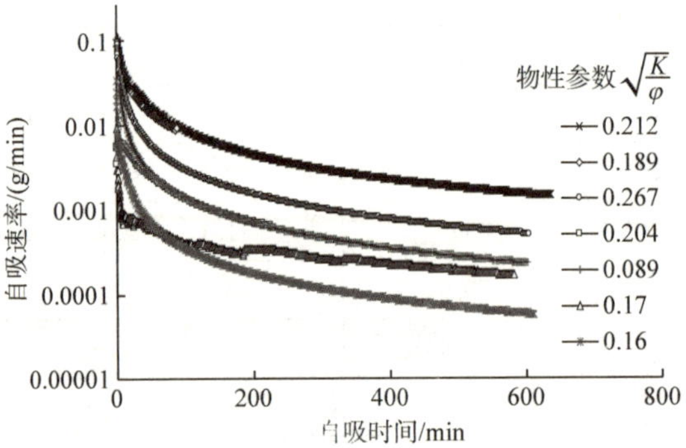

图3－19　喉道参数对地层水毛管自吸的影响

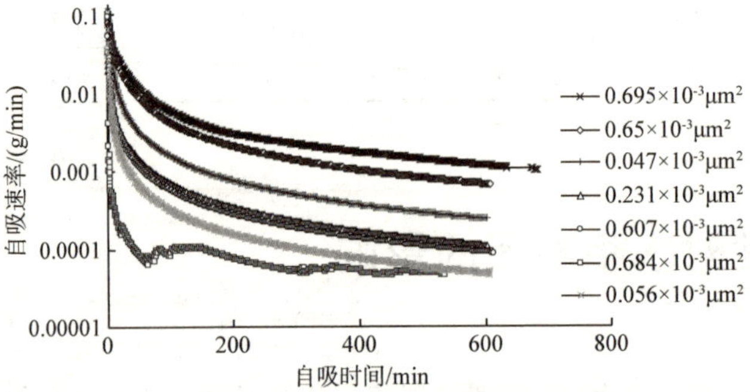

图3－20　渗透率对滤液毛管自吸的影响

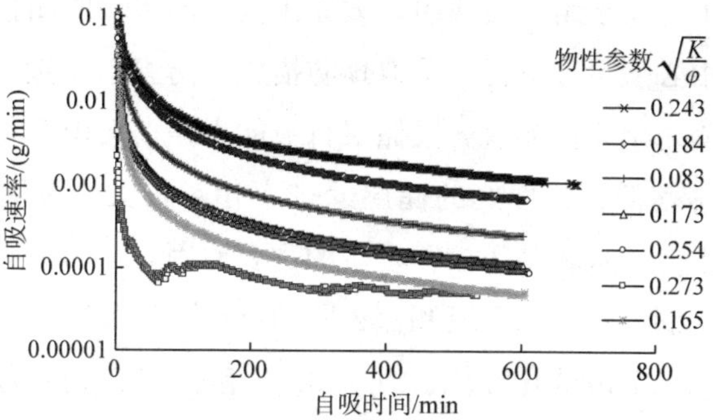

图 3－21　喉道参数对滤液毛管自吸的影响

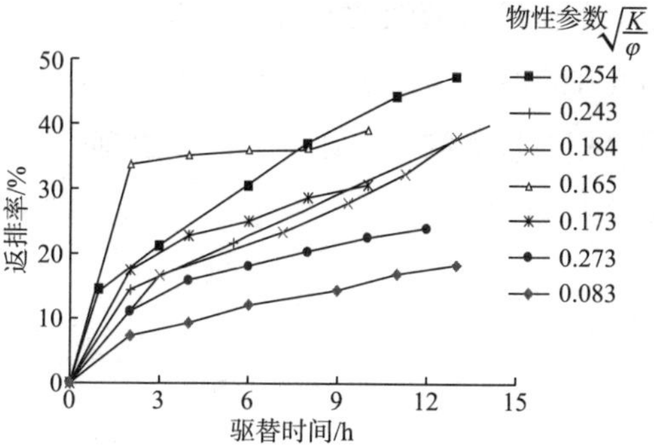

图 3－22　物性与滤液返排率的关系

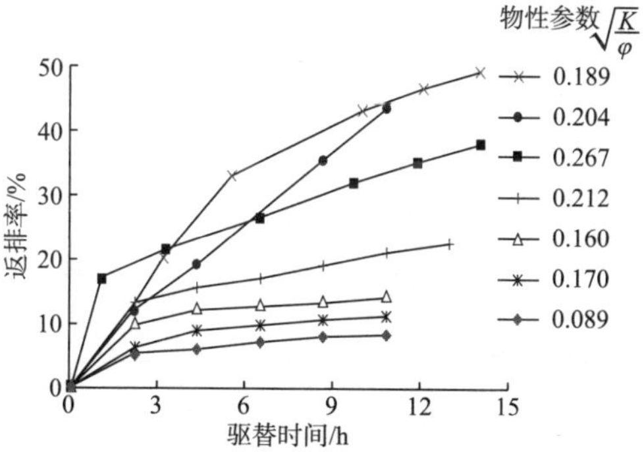

图 3－23　物性与地层水返排率的关系

可见，致密砂岩气藏在我国广泛分布且资源量大，但由于岩性致密、物性差、黏土矿物发育，这类储层中水相圈闭损害较为突出，会引发流体敏感性损害、产生化学力学耦合损害、加重应力敏感等，最终导致储层流体产出或注入能力降低，增加作业成本。

大牛地气田下石盒子组、山西组、太原组潜在的水相圈闭损害为强，在钻完井、增产等施工中必须足够重视，采取预防措施、防患于未然。毛管自吸、液相滞留评价实验表明，山2段和盒3段储层自吸能力强，而山1段自吸能力相比而言最差；整体返排率低，物性好的储层返排率相对较大。液体侵入后很难被排出，液相滞留严重，是水相圈闭损害发生的主要原因，其影响因素主要在于矿物类型、物性差异、润湿性：山2段和盒3段的伊/蒙间层矿物含量相对较高，盒3段的平均配位数和山2段的孔喉比分别为0.59和5.37，相对较大，自吸入的流体能快速地分散到其他孔隙和喉道中，侵入岩石更深处，使自吸能继续进行，且岩石的比表面积大，外来水相易于形成水相圈闭损害；上部储层更倾向亲水，在没有优质滤饼情况下，工作液滤液快速自吸入盒2+3和山2段，发生水相圈闭损害；由于液相饱和度在岩心中经历了增加和重新分布两过程，物性越好、渗透率越高的储层更易获得相对较大的自吸速率和液相返排率。

第 4 章　水相圈闭损害防治方法研究

致密砂岩储层由于渗透率很低、流体赖以流动的通道细微、渗流阻力很大、界面现象显著，由此引发的水相滞留效应显著。毛管力作用下的自吸和液相滞留是水相圈闭发生的主要原因。尤其存在超低含水饱和度的致密气藏，流体被捕集在细小喉道中，会造成储集层永久性液相滞留，使气藏损害愈加严重，近井带、使用水基流体时损害更显著，即使屏蔽暂堵技术和欠平衡钻井技术也很难预防此类损害的发生。压差返排、射孔等措施能够将部分液体排出，降低含水饱和度、渗透率会有所恢复，但仍不能降低到初始值。即使进行压裂改造，水基压裂流体也会侵入储层而使气相相对渗透率降低，若生产压差远大于毛管压力或液相有足够的流动能力，就不会发生严重的水相圈闭损害；否则，反而导致毛管压力进一步升高而引发损害，使气井产量降低。

防止相圈闭的简单方法就是忌用有潜在相圈闭损害的流体。低渗—致密气藏的钻井完井作业，最好使用屏蔽暂堵技术和气体类型的欠平衡钻井，当然水基工作液欠平衡钻井可以部分抑制水相圈闭损害，但由于毛管自吸作用的存在，要完全消除水相圈闭损害是不可能的。通过加入表面活性剂、增加油气能量、注入干燥气体、热处理油气层、压裂等措施可使水相圈闭损害得以缓解。

目前，后期解除储层水相圈闭损害的方法主要有物理解除法和化学解除法。

物理解除法主要通过改变生产制度或加热等手段来解除水锁，但改变生产制度现在对大部分气井来说，不具有推广价值。研究表明，温度升高，储层倾向于水湿程度增大，使油相渗透率增加，且有利于石油采收率的提高；油藏中一些未被蒸汽作用的部分仍可维持原来的润湿性，这样不论从宏观还是微观上讲，油藏的润湿性分布的非均质性都将显著增加；注入蒸汽和热水前缘推进不均衡，可能使一些原油被水分割成孤立的“油区”，而这部分油难于被后续的蒸汽和热水驱替，导致采收率和油相渗透率降低。当蒸汽吞吐时，热水驱使油层水湿程度增加，残余油占据孔隙中央，环绕油珠周围是直接与矿物接触的热水；随后蒸汽驱时，热水变成蒸汽，残余油又与矿物直接接触，孔隙表面为油膜覆盖，油层快速地由水湿转变为油湿；润湿性的交替变化降低油相渗透率和采收率。但加热法能耗大，现场操作性不强，对低渗致密气藏适应性差。

化学解除法主要包括降低油水界面张力和改变岩石润湿性。对于热力学水锁和动力学水锁，都与界面张力 σ 有关，因此降低油水（工作液）界面张力，可以克服或消除水锁效应的出现和产生。核心是选择经济且高效的表面活性剂。同样，对于热力学水锁和动力学水锁，都与润湿接触角 θ 有关，因此，在工作液中加入适当的润湿性物质，例如表面活性剂、分子膜等，使润湿变为中性（$\theta = 90°$）。因此化学解除法主要是通过加入表面活性剂，达到解除水锁伤害的目的。该方法操作简单，成本低，因此更具有现场操作的可行性。

通过前述分析可知，降低毛管压力可以减弱毛管自吸效应、促进液相返排，但靠降低界面张力降低毛管压力的方法效果短暂，改变岩石表面润湿性、增大润湿接触角的界面修饰技术成为新的研究方向。研究表明，固体表面润湿性不但受表面化学成分影响，还受表面粗糙程度控制，为了提高疏水性能，需提高表面粗糙度。有关学者指出，可通过改变岩石表面微观粗糙度、降低固体表面能来改变固体表面润湿性为气润湿，有效抑制水相毛管自吸，同时有利于水相返排，将对致密砂岩气藏水相圈闭损害的预防和治理有积极影响。

目前，针对储层岩石界面修饰的实现方法可分为两大类。

1）纳米粒子吸附

狄勤丰团队等人致力于疏水纳米 SiO_2 颗粒的研究，提出用纳米吸附法改变岩心微孔道孔壁表面润湿性，产生水流滑移边界层，继而降低在岩心中的水流阻力，用于油田降压降阻注水开发；改善油气流入井的条件，提高低渗透油藏注水能力；同时用 Lattice Boltzmann 方法（LBM）模拟了含疏水性纳米 SiO_2 颗粒流体处理前后的实际渗流问题，间接计算出纳米颗粒吸附造成的滑移长度在 100nm 以上。该纳米粒子平均粒径约为 20nm，微乳液滴平均粒径约为 150nm。

2）表面活性物质吸附

表面活性剂的吸附会降低岩石表面能，进而影响润湿性。有关学者认为原油有机组分、表面活性剂类型与浓度等都会影响岩石润湿性。阳离子表面活性剂比阴离子表面活性剂更易改变润湿性，取决于其分子结构使阳离子表面活性剂单体和矿物表面极性组分之间形成离子对。

此外，改变诸如溶液矿化度和温度、pH 值和离子类型等环境条件也可以实现岩石表面润湿性改变。pH 值和温度影响界面张力、吸附膜的稳定性，而矿物离子的存在会使水湿增强。

4.1 表面活性剂在储层损害防治中的应用

表面活性剂在油田上的最早应用见于20 世纪20 年代提高采收率，目前表面活性剂在油气井建井和开发过程中均有使用，表面活性剂具有降低表面张力、起泡、乳化、分散、润湿等性能，被广泛用于储层钻井完井、EOR 和增产改造等过程，可以提高机械钻速、促进返排等，有效预防储层损害，提高采收率。低渗透储层复杂的微观结构及甚于常规储层的潜在损害，使得表面活性剂在这类储层中的应用超越了在常规储层或以往应用的局限，尤其在修饰岩石表面润湿性时，能显著降低毛管自吸势能，预防水相圈闭损害，在低渗透油气藏开发中优势明显。

常用的表面活性剂类型有阴离子型、阳离子型、非离子型和两性离子型，各自突出的特点使其在同一作业环节下发挥独特作用（表 4－1）。

表 4－1　常用表面活性剂类型及在各作业环节中的应用

类型	特点		井下作业			油气集输
			钻井及完井	酸化、压裂	EOR	
阴离子（R－A－M）	降低界面张力能力强	作用机理	起泡、乳化、润滑、润湿反转	表面吸附	降低界面张力、乳化、润湿反转、起泡	破乳、形成吸附膜
		应用	降滤失、堵漏、起泡、乳化；润滑	缓蚀剂；防淤渣剂	驱油、堵水、乳化降黏剂	破乳；防垢剂
阳离子（R－B－X）	杀菌、润湿反转能力强	作用机理	抑制页岩膨胀分散	吸附、抑制水化、降低界面张力	吸附；润湿反转	破乳、形成吸附膜
		应用	稳定井壁	缓蚀剂；黏土稳定剂；助排剂	防蜡；驱油	破乳；除油剂；杀菌剂

续表

类型	特点		井下作业			油气集输
			钻井及完井	酸化、压裂	EOR	
非离子（R-R2）	表面活性高、吸附弱	作用机理	起泡；乳化；润滑、润湿反转；破乳；增溶；渗透	界面吸附；润湿反转	与阴离子作用类似；吸附结蜡表面	形成吸附膜、桥接、增溶；降界面张力
		应用	堵漏、起泡；乳化；润滑	缓速剂，防乳化剂；润湿反转剂	驱油、堵水、乳化降黏剂；防蜡沉积	破乳；消泡；除油防垢剂
两性离子（R-B-R2-A）	吸附强、表面活性高	作用机理	起泡	界面吸附	降界面张力	—
		应用	降滤失、堵漏、起泡	防淤渣剂	驱油	

4.1.1 在油气建井过程储层保护中的应用

开发实践表明，钻开储层的整个施工过程都可能产生损害，轻者使储层产能降低，重者使生产井完全丧失生产能力，甚至还会影响新油气储量的发现。钻井液作为首次接触储层的液体，在储层保护研究方面更是受到重视。

研究表明在工作液中加入表面活性剂可预防或解除水相圈闭，减轻储层损害，保护孔隙和微裂缝，且已在轮南古潜山碳酸盐岩油藏、河南油田、牛35区块、靖边气田等地成功应用。为了减少正压差钻井给低压易漏储层带来的损害，欠平衡钻井技术被逐渐采用，是低压易漏储层中一种经济可行的钻进方法，其中泡沫流体系可对付大量水侵，能有效改进岩屑携带能力，降低漏失量，该流体系在中原油田户部寨气田、川东北QX-2井等得到应用。然而低渗透储层高的毛管压力使其潜在自吸能力强，即使欠平衡钻井也不能完全阻止液相侵入。只有实现侵入液快速、有效返排，才能降低损害，保证压差、降低漏失量、工作液中加降低毛管压力的活性剂是促进侵入液快速返排、降低损害的重要手段。另一方面，为了降低了井漏和储层损害的风险，可利用表面活性剂制成气凝胶流体，钻井液中的“微泡”可桥堵喉道，甚至桥堵微裂缝，形成阻挡层，阻止流体侵入，在开采初期易于清除。油基钻井液完钻的井在井壁和套管壁上黏附着一层油膜，影响交结性能和强度，为了提高固井质量，在冲洗液和隔离液中加入表面活性剂，制成适用于油基钻井液的高效前置液，改善界面亲和程度，解决了前置液与油基钻井液和水泥浆的相容性问题，并在北96等10口井成功应用。此外表面活性剂还广泛应用在促进残液返排、解堵、酸化压裂等过程，即有利于正常施工又降低损害风险。

表面活性剂的使用也会对储层造成诸如沉淀、吸附等损害，油基钻井液中的表面活性剂会使储层润湿性反转，这是油藏储层损害机理之一。在油层中，若固体表面由亲水性反转为亲油性，油相相对渗透率会降低40%以上，并使水驱效率和原油采收率趋于降低，给储层带来严重损害，且表面活性剂溶液的有效浓度降低，甚至可使表面张力明显增大，降低液体返排效果，由此引起的储层损害不容忽视。

4.1.2 在油气开采过程储层保护中的应用

我国油气田多处于开发中后期，开发生产中的储层保护工作越来越受重视。表面活性剂最初在油田用于提高采收率，是三次采油中提高采收率幅度较大、适用较广、具有发展潜力的一种化学驱油剂，在驱油中起着极为重要的作用，直接影响驱油体系/原油间的界面张力、驱油效率及原油破乳等，同时能改变岩石的润湿性。低渗透油气资源的开发日益受到重视，使得表面活性剂由在以往油藏中常规的增黏、降低界面张力、改变润湿性、乳化、增溶等驱油功能的应用，扩展到了低渗透油藏或致密气藏中降低界面张力、改变润湿性、乳化、增溶等应用，同时也深化了人们对表面活性剂降低油水界面张力、乳化、聚并形成油带、润湿反转、提高表面电荷密度、改变原油的流变性等驱油机理的认识。其中，降低界面张力、基于润湿反转的界面修饰对提高低渗－致密储层相对渗透率和油气流入井的能力贡献很大。

大多数储层，尤其是裂缝性油润湿碳酸盐岩储层，水驱后仍有部分油残留在储层中，受毛管力作用，单靠增大压差很难将其驱出，在聚合物水溶液中加入表面活性剂能降低表面张力使毛管力降低，从而使更多的残余油被水驱出，减小了残余油饱和度，是一个既可行又有前途的方法，可提高采收率幅度20%左右，已在喇嘛甸油田和胜利油田孤东七区54－61等地进行了矿场试验，取得了较好的效果。Duffield A R等（2003）认为表面活性剂促进残余油相的排驱基于两个机理：增溶和活化作用（既降低界面张力IFT）。表面活性剂越来越多的应用促使人们对其驱油机理深化：降低油水界面张力、乳化、聚并形成油带、润湿反转、提高表面电荷密度、改变原油的流变性等。对于表面活性剂处理裂缝性致密油润湿碳酸盐岩中的强化采油，Adibhatla 等（2006）和 Gupta 等（2007）指出，阴离子或非离子表面活性剂的稀溶液（<0.1% wt）可以使油润湿碳酸盐岩的采油率达到60%，这是一个重力驱过程，表面活性剂分子沿裂缝扩散到基质，改变润湿性和 IFT，降低的 IFT 可以使毛管压力降低，增加油相渗透率，在重力作用下驱油。胜利油田（2008）研发了具有不同用途的3种多组分石油磺酸盐应用在强化采油中，油田产油量增加，含水降低，提高了岩心采收率。

表面活性剂驱油过程中会与地层水及黏土矿物中的多价阳离子作用，产生沉淀损失，堵塞孔喉，导致驱油过程失败。有人认为一切含有阳离子活性剂的液体，都能使砂岩、黏土或碳酸盐岩油润湿。储层由水润湿转变为油润湿会使油相渗透性平均降低40%。应因时制宜、因地制宜地正确选用预处理的表面活性剂，防止储层损害。Lirio Quintero 等（2009）实验研究了利用含有活性剂和助剂的介晶相多功能流体消除渗透率降低和不利的润湿反转带来的储层损害，指出该流体能通过降低界面张力消除相圈闭，恢复气相渗透率，在德克萨斯州几个已受损的气井修井试验表明气井产量恢复显著。

若表面活性剂使水润湿储层转变为油润湿后油相渗透率降低，则应尽量避免水润湿油层转变为油润湿油层。若注水过程中发生了储层损害，可回注表面活性剂到地面，并用回流帮助浸泡（既表面活性剂浸泡），从而复原为水润湿；或使乳化液破乳，回升已降低的相对渗透率。但哪种情况下润湿反转会对储层造成损害尚不能一概而论：川西和川东北地区气体钻井转换为水基钻井后易出现井壁失稳，他们采用润湿反转剂为前置液，使岩石表面由水润湿转化为油润湿，减缓滤液侵入，有效维护了井壁稳定。润湿反转前置液的作用机理主要是通过改变储层岩石表面润湿特性，将其由亲水变为疏水，防止气液转换时泥页岩吸水膨胀垮塌。

4.1.3 表面活性剂防治水相圈闭损害的应用实例

4.1.3.1 促进侵入液返排、解除水相圈闭损害

致密砂岩气藏孔喉微小，发育的微裂缝宽度也多属亚微米尺寸，界面作用影

响显著，毛管压力高、启动压力梯度大，油/气相易被圈闭，导致致密储层中出现油/气相有效渗透率低、流动困难等现象。岩石表面的润湿性决定了气/油/水在岩石孔道中的微观分布和渗流特性，同时决定了孔道中毛管压力的大小和方向。有关学者认为，对液相返排或流动起决定作用的是接触角：接触角越大，毛管压力越小，返排率越高。

这一应用已在吉林油田和大牛地气田得到验证。新 119 区块在压裂过程中利用一种阳离子表面活性剂改变岩石润湿性，使个别井/层的压裂液返排率显著提高到 100%，平均返排率 73.1%（2004 年），施工成功率达 96.4%。为了有效解决大牛地气田水相圈闭损害严重的问题，2009 年采用无固相钻井液配合使用防水锁剂，在 5 口井的水平井段施工，效果良好。

4.1.3.2 提高油气采收率

东濮气田属于高温低渗气藏，气藏渗透率小于 $0.1 \times 10^{-3}\mu m^2$，温度约为 160℃，原始储层压力约 66.8MPa。2008 年 Liu 和 Li 在该气田进行了小规模试验，所选气井的目标产层深度为 4518.0m。由于发生了凝析液相圈闭损害，气井产量很低。选用氟化物处理，使储层润湿性由液润湿改变为中间润湿。开井后产气量提高到 $30000m^3/d$，远大于润湿性改变前的气井产量。然而这一现象并未持续，4d 后产量下降到仅 $4000m^3/d$，但与润湿性改变前相比，仍增加了 200%。产量下降原因未见报道，可能与试验时的环境温度、处理剂的类型及用量等有关。

4.1.3.3 提高水井注入能力

注水是补充地层能量、油田增产的主要手段之一，随着低渗—致密储层相继投入开发，注入水渗流阻力越来越大、注水压力普遍偏高，亟待探索低渗—致密油藏降阻—增注机理和手段。2009 年大庆油田采油五厂进行了降压增注试验，利用化学剂吸附在岩石表面、形成超薄分子膜，改变储层表面的性质和与原油的相互作用状态，试验表明降压 15% 以上，有效期大于 10 个月，同时油井产量提高。江汉油田陵 76 斜 7－1 井也利用憎水聚硅纳米材料解决了注入压力高和注水困难的问题，改善流体和岩石表面的动力学作用，从微观层次上进行化学改性和原位表面修饰。

界面修饰的优势在凝析气藏开发中也是显而易见的。由于储层压力降低，近井带或裂缝面会有凝析液体产生，没有达到可流动的饱和度则形成凝析液锁，导致产量减低40%～80%，实验室测得岩心渗透率下降95%以上，“气润湿”被认为是恢复气井产量、提高气井产能的新方向。

表面活性剂在油气田开发中的应用广泛且不可缺少。由于气润湿理论较新，基于气润湿的应用还有待验证和推广。为了加强室内实验与现场应用的结合，需加强实验与模拟研究，深化对润湿性的认识，降低现场试验风险。

有关文献表明，氟表面活性剂具有高表面活性、憎水憎油、低表面能等特点，如表4－2所示，可作为界面修饰处理剂的首选。继Li提出的“气润湿”思想后，其团队和其他学者都利用氟化物开展了相关实验研究，实验温度由90℃升至170℃，润湿性由液润湿转变为气润湿，不同程度地改变了相对渗透率、减轻水相圈闭损害。笔者（2009）也利用氟化物展开了接触角测量、毛管自吸和岩心流动实验，结果表明含氟类活性剂能使岩样润湿性由水润湿向中间气润湿转化，氟化物处理后的岩心总吸水量较未使用氟化物处理的岩样降低60%，自吸速率较未处理岩样降低40%～50%，驱替速率约是未处理岩样的2倍，可见氟化物界面修饰具有预防水相圈闭损害的应用潜力。

表4－2　各类表面活性剂性能比较

性能	表面活性剂类型		
	氟表面活性剂	有机硅系	烃表面活性剂
表面活性	强	偏强	偏强
耐热性	强	偏强	偏强
乳化力	强	偏弱	偏强
渗透力	强	偏强	偏弱
润湿性	强	偏强	偏弱
消泡力	偏强	强	偏弱
起泡力	偏弱	弱	偏强
憎油性	强	偏弱	弱
质量分数/%	0.01～0.05	0.1～0.5	0.5～5
最低表面张力/(mN/m)	15～20	20～35	25以上

以—CF_3组成的单分子膜的表面张力仅为0.6×10^{-3}N/m，与水接触角接近120°，是实现界面修饰手段的良好选择。通过降低气/液表面张力、改变岩石润湿性，实现侵入液高效返排、减少单位孔隙体积内液相的滞留量，可削弱水相圈

闭损害的不利影响。基于市场上氟化物种类繁多、为满足达到预防水相圈闭损害的目的，需通过系列室内实验，优选氟化物处理剂。

4.2 表面张力与接触角测定

氟化物界面修饰预防水相圈闭损害有极大的发展空间和潜力，但界面修饰机理不明确。目前，该方法的现场应用较少，仍处于探索阶段。很多研究对水相圈闭损害及其解除的实验流体和程序都做了不同程度的简化，利用油气藏数值模拟等技术实现了岩心尺度到现场尺度的转变，但室内实验评价是必不可少的，仍需进行氟化物与工作液体系的配伍性及保护储层能力研究。

通过测定不同浓度氟化物的甲醇/水溶液的表面张力和接触角，确定氟化物是否能改变岩石润湿性，从而优选可使润湿性发生较大改变或表面张力显著降低的处理剂。

4.2.1 理论依据

（1）处于液体表面层的分子具有高于内层分子的能量，处于热力学不稳定状态，液体表面自由能或表面能力的降低是自发过程，与温度有关，还与液体浓度有关，在溶剂中加入表面活性剂，表面张力就会发生变化。

（2）润湿原理：当固体分子对液体分子吸引力弱时，固体表面的液体附着层呈现收缩力，此时接触角为钝角，液体不润湿固体；当固体分子对液体分子吸引力足够强时，附着层中液体分子靠得紧密，分子排斥力占优势，形成延展层，此时接触角为锐角，液体润湿固体。若液体完全润湿固体，液体将布满整个固体表面，或形成单分子膜。

（3）毛管压力：

$$P_c = \frac{2\sigma\cos\theta}{r} \tag{4-1}$$

式中 P_c——毛细管力，dyn/cm^2；

σ——油水界面张力，dyn/cm；

θ——水相润湿接触角，°；

r——毛细管半径，cm。

（4）表面活性剂可通过物理吸附或化学吸附改变固体表面的组成和结构，使高能表面变为低能表面，而降低润湿性。氟化物是自然界中表面能最低的材料，能达到修饰低能表面的效果从而改变固体表面润湿性。

4.2.2 实验岩心及流体

将岩心切割成厚度小于3cm、直径为2.5cm的平整岩心片，用来测接触角。所用实验药品包括甲醇，interchem系列表面活性剂FC－01、FC－04、FC－06、FC－12（上海瀛正科技有限公司），杜邦1157系列表面活性剂C118（上海汇普工业化学品有限公司），氟表面活性剂FW－134（武汉市德孚经济发展有限公司），蒸馏水，详见表4－3。

表4－3　特种氟化物介绍

产品名称	类型	临界表面张力/(10^{-3}mN/m)	溶解性	描述
FC－01	阴离子	16.8（0.2%水溶液）	醇/水	无色至淡黄色黏稠液体
FC－04	阳离子	16.5（0.2%水溶液）	微溶于水，易溶于有机溶剂	米黄色或白色固体
FC－06	非离子	24.7（0.2%水溶液）	易溶于醇/醚/酯，微溶于水	无色至淡黄色黏稠液体
FC－12	溶剂型	—	溶于有机溶剂	无色至淡黄色液体
C118	两性	≤17.5（0.2%水溶液）	乙醇/水	透明浅色液体
FW－134	阴离子	17（0.1%水溶液）	溶于水	淡黄色固体粉末

溶液的配制：

（1）用电子天平称取0.2ginterchem系列FC－01阴离子氟碳表面活性剂，边搅拌边加入到用量筒量取的100mL蒸馏水中，必要时可加热，配制成质量体积分数为0.2%的水溶液，储存在细口瓶中保存。

（2）按上述依次配制浓度0.2%的FC－04、FC－06、FC－12、C118、FW－134的水溶液各100mL。

（3）按上述依次配制浓度0.2%的FC－04、FC－06、FC－12、C118的甲醇溶液100mL。

（4）将配好的溶液密封保存在细口瓶中，待测量表面张力和测量接触角用。

4.2.3 实验仪器

量筒，精度0.001g的电子天平，烧杯若干，玻璃棒，JZHY1－180张力仪（图4－1），接触角测量仪（图4－2），酒精灯。

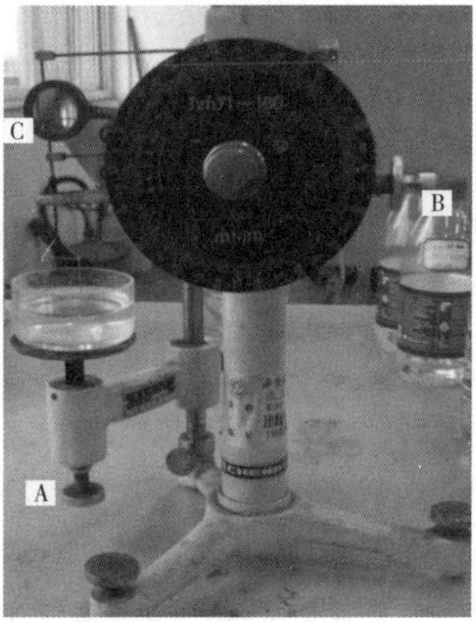

图4－1 JZHY1－180张力仪

4.2.3.1 张力仪

采用吊环法（拉环法），又称du Nouy环法测液体表面张力。将吊环浸入溶液中，然后缓缓将吊环拉出溶液，在快要离开溶液表面时，溶液在金属环上形成一层薄膜，吊环被拉出液面时，溶液的表面张力将阻止吊环被拉出，当液膜破裂时，吊环的拉力将达到最大值。这个最大值就是液体的表面张力。

具体操作方法：

（1）连接张力仪，将铂金环插在吊杆臂上，旋转底座螺母A，铂金环便与底座一起上升到溶液表面位置，且使臂上的指针与反射镜上的红线重合，旋转刻度盘与零线对齐。

（2）用蒸馏水洗净样品杯，再用少量待测液润洗，被测溶液倒在玻璃杯中约20～25mm（样品杯高度的3/4），将此杯放在样品座的中间位置上。旋转螺母A，使吊环深入到液体8mm左右处。

（3）同时旋转螺母A和蜗轮把手B使样品托架下降并增加钢丝的扭力，液体表面被铂金环拉得很紧。指针 C 始终保持与红线相重合，直到薄膜破裂时，指针跳起，刻度盘上的读数就是液体的表面张力值。旋转过程指针 C 应始终与红线重合，否则回旋蜗轮把手 B。

（4）重复此过程，平行测定 3 次，取其平均值作为其实测张力。

（5）测完后，弃去样品杯中的溶液，将吊环用酒精灯烘干，并从步骤 2 开始重复上述过程，依次测定各溶液的表面张力。

4.2.3.2　接触角测量仪

连接仪器，打开电源开关，将岩心薄片置于载物台上，左右或上下微调螺母，调节岩心高度和焦距，使岩心表面的水平投影线与刻度盘上零刻度线平齐；然后用微旋针管在岩心片上滴几微升液体，待液滴稳定大约 1min 后，左右移动刻度盘，使投影的液滴最右侧端点位于刻度盘的中心，转动刻度盘使刻度盘上的红色标志线在三相表面的交汇处与液滴相切，从盘上读出角度。按照此方法依次测溶液在岩心上的接触角。

(a)刻度盘　　(b)接触角测量实验装置

图 4－2　接触角测量仪

4.2.4　实验处理及结果分析

将测得的各溶液的表面张力和接触角分别 3 次平均处理，得到平均值（表 4－4）。表面张力值用相同温度下蒸馏水和甲醇的表面张力值标定，标定后的值就是该处理剂作用下的表面张力值。

表 4-4 表面张力及接触角测定结果（17℃）（均为推荐浓度下）

编号	处理剂类型	表面张力 IFT/(mN/m)				接触角 θ/(°)				余弦
		IFT_1	IFT_2	IFT_3	平均值	θ_1	θ_2	θ_3	平均值	
1	FC-01（0.2%）	16.4	18.5	16.8	17.2	91	92	91	91.3	-0.022
2	FC-04（0.2%）	23.2	23.8	23.7	23.6	103	102	110	105.0	-0.26
3	FC-04（0.2%甲醇）	28.9	29.9	28.8	29.2	10	20	20	16.7	0.96
4	FC-06（0.2%）	32.4	33	31.5	32.3	100	100	110	103.3	-0.23
5	FC-06（0.2%甲醇）	27.9	27.5	27.6	27.7	10	20	20	16.7	0.96
6	FC-12（0.2%）	31.5	29.9	29.9	30.4	44	45	39	42.7	0.74
7	FC-12（0.2%甲醇）	27.8	28.8	27.4	28.0	20	20	20	20.0	0.94
8	C118（0.2%）	20.8	21.9	21	21.2	90	90	89	89.7	0.007
9	C118（0.2%甲醇）	28.7	29.1	29	28.9	10	20	10	13.3	0.97
10	FW-134（0.2%）	23.6	23.9	23.7	23.7	92	95	90	92.33	-0.04
11	蒸馏水	72	71	72.3	71.8	—				—
12	甲醇	35	35.8	35.6	35.5	—				—

注：—表示数值太小不能准确读出。

根据以上数据作出润湿角/余弦值与表面张力的关系曲线（图 4-3），可见，FC-01、FC-04、C118 和 FW-134 均符合低表面张力和高润湿角的要求，从理论上讲，在毛管半径影响不大时，这几种表面活性剂的水溶液都能使岩心中的毛管压力降低。

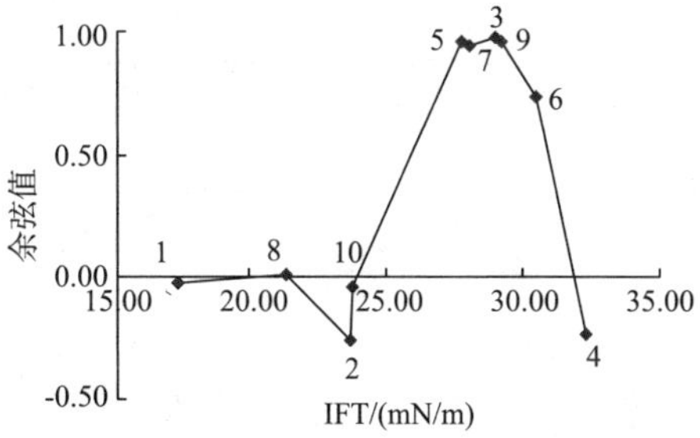

图 4-3 表面张力与余弦关系曲线

4.3 毛管自吸与毛管液相滞留评价

为了进一步考察处理剂降低张力和改变润湿性的效果，为合理的工作液配置提供依据，设计并进行了毛管自吸实验和毛管液相滞留实验，考察处理剂是否能达到抑制毛管自吸、促进流体返排的目的。

4.3.1 理论依据

致密气藏喉道半径小，毛管压力大，液相自吸和滞留效应明显。由于外来水基工作液的侵入和气层初始含水饱和度的重新分布可能使气层产生损害，造成生产能力显著降低。尤其当气藏初始含水饱和度（S_{wi}）低于束缚水饱和度（S_{wirr}）或气藏为强水润湿时，水的自吸和相圈闭效应非常明显，气井受到的损害更加严重。

利用毛管自吸实验和毛管液相滞留实验评价处理剂作用下岩样损害程度，以此优选出能降低毛管压力、抑制毛管自吸、促进流体返排的表面活性剂。

4.3.2 实验准备与操作

4.3.2.1 实验仪器

毛管自吸评价仪与毛管液相滞留评价装置示意图见图 3－12、图 3－13，电子天平、烧杯若干、玻璃棒、烘箱等。

4.3.2.2 实验岩样与流体

实验选用大牛地气田盒 2 段储层岩心，实验流体为 6 种推荐浓度的氟化物溶液和蒸馏水（见表 4－5）。

表 4－5 实验用岩心相关物性

岩心号	层位	岩心参数						实验流体
		长度 L/cm	直径 D/cm	渗透率 K/$10^{-3}\mu m^2$	孔隙度 φ/%	孔隙体积 PV/mL	重量 G/g	
D14－7	盒 2	4.33	2.48	0.304	5.452	1.1417	53.590	2‰FC－04

续表

岩心号	层位	岩心参数						实验流体
		长度 L/cm	直径 D/cm	渗透率 K/ $10^{-3}\mu m^2$	孔隙度 φ/%	孔隙体积 PV/mL	重量 G/g	
D14 - 11A	盒2	5. 396	2. 48	0. 326	7. 320	1. 9084	65. 516	2‰FC - 12
D14 - 11C	盒2	5. 403	2. 48	0. 311	6. 922	1. 81	65. 553	2‰C118
D14 - 11F	盒2	5. 259	2. 48	0. 359	7. 274	1. 8433	63. 959	2‰FC - 06
D14 - 12B	盒2	5. 92	2. 47	0. 309	8. 818	2. 5081	70. 176	蒸馏水
D14 - 18B	盒2	5. 24	2. 48	0. 376	9. 032	2. 2859	62. 253	2‰FC - 01
D14 - 18D	盒2	5. 29	2. 48	0. 270	5. 142	1. 3119	64. 340	2‰FW - 134

4. 3. 2. 3　实验程序

1）基准渗透率测定

（1）检查氮气源、压力表等设备是否完好，连接线路。

（2）将准备进行基准值测量的干岩样放入岩心夹持器中。

（3）打开氮气瓶阀门，加围压 5. 0MPa，微调减压阀，使压力表读数为 0. 5MPa。

（4）待压力稳定至少 1h 后使用皂沫流量计测流量。

（5）依次改变流压 0. 7MPa、1. 0MPa、1. 5MPa、2. 0MPa、2. 5MPa，3. 0MPa、3. 5MPa 测量流量，按照达西公式（3 - 2）计算渗透率，回归并求出基准渗透率 K_a。

（6）按照上述（1）~（5）测量其他岩心的基准渗透率。

$$K_a = \frac{2Q_0 p_0 \mu L}{A(P_1^2 - P_2^2)} \times 10^{-1} \tag{4-2}$$

式中　K_a——气测渗透率，μm^2；

Q_0——气体流量，cm^3/s；

μ——气体黏度，mPa · s；

L——岩样长度，cm；

A——岩样横截面积，cm^2；

P_1——入口端压力，MPa；

P_2——出口端压力，MPa；

P_0——大气压，MPa。

（7）处理实验数据，分析结果。

2）毛管自吸实验

将3.4.2.1中的采集时间改为5h，其他程序不变，详见3.4.2.1。

保存好岩样供毛管液相滞留评价实验待用。

3）毛管液相滞留评价

在自吸实验结束之后，立即开始驱替实验，否则岩心中的水会在其他环境下蒸发，影响实验精度。具体操作步骤如下：

（1）检查氮气源，确定压力表等设备是否完好，连接线路。

（2）将自吸后的岩样放入岩心夹持器中。

（3）打开氮气瓶阀门，加围压5.0MPa，微调减压阀，使压力表读数为0.5MPa。

（4）待压力稳定，每隔2h取出岩心并称重，直到重量不再变化（或$\Delta G \approx 0.001$g），并测量该压力下的气体渗透率K_{a1}。

（5）顺次改变流压至1.0MPa、2.0MPa、3.0MPa，重复以上步骤，测定渗透率K_{a2}、K_{a3}、K_{a4}，按如下式（4-3）计算渗透率恢复率R：

$$R = \frac{K_{ai}}{K_a} \times 100\% \quad (i=1,\ 2,\ 3,\ 4) \tag{4-3}$$

式中　R——该岩样的渗透率恢复率，%；

K_{ai}——该岩样不同驱替压差下的渗透率，μm^2；

K_a——该岩样的基准渗透率，μm^2。

（6）实验结束后，将岩心取出，放入烘箱中烘干，整理仪器；

（7）处理实验数据。

4）恢复渗透率测试及损害分析

驱替实验结束后，将岩心干燥24h，重新测量渗透率、孔隙度，对比损害前后变化。

4.3.3 实验结果与讨论

4.3.3.1 毛管自吸量与自吸速率

自吸结果表明，氟化物能显著地降低自吸速率。各种处理剂的自吸速率都很低，在自吸初期（50min 前），蒸馏水的自吸速率相对较高。处理剂的自吸速率由低到高依次为 C118 < FW－134 < FC－01 < FC－12 < FC－06 < 蒸馏水 < FC－04，50min 后，各种处理剂的自吸速率改变很小，基本稳定且趋于 0，如图 4－4 所示。

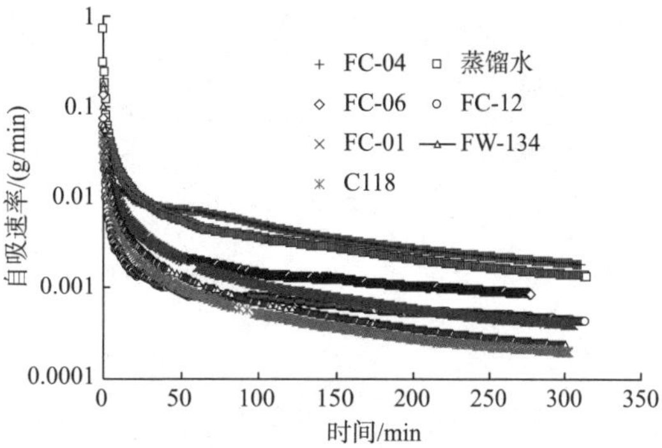

图 4－4　各种处理剂的自吸速率－时间关系

各种处理剂的含水饱和度都比较低，最高为 25% 左右（FC－04），其他均低于 20%，而 FW－134、C118 和 FC－01 则不到 5%（FW－134 与 C118 基本重合），各种处理剂作用下的液相自吸量都较小。最终含水饱和度由低到高依次为 FC－01 < FW－134 < C118 < FC－12 < FC－06 < 蒸馏水 < FC－04，如图 4－5 所示。

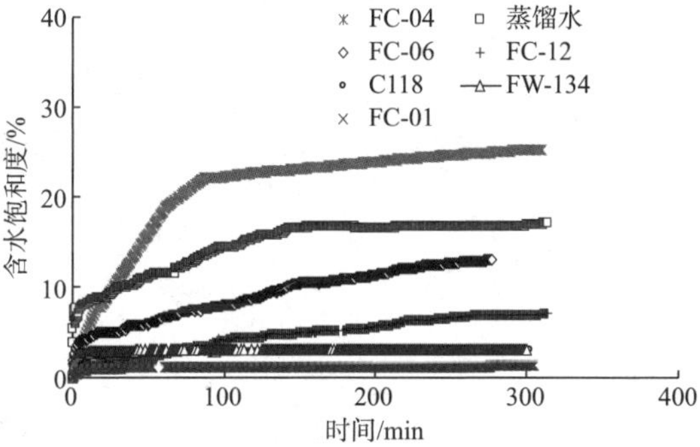

图 4－5　各种处理剂含水饱和度－时间关系

综合不同处理剂的自吸速率和含水饱和度，优选出均能显著地降低自吸速率和具有低含水饱和度的 FC－01、FW－134 和 C118。

4.3.3.2　液相滞留程度

从实验中我们可以看出（图 4－6 ~ 图 4－12），在每个驱替压力下，驱替孔隙体积与驱替时间有很好的线性关系，即在每个压力下的驱替速率几乎不变（10h 内），由此可得出每种处理剂在自吸后驱替时的最佳返排压差（表 4－6），最佳返排压差的确定对实际施工具有重大指导意义。

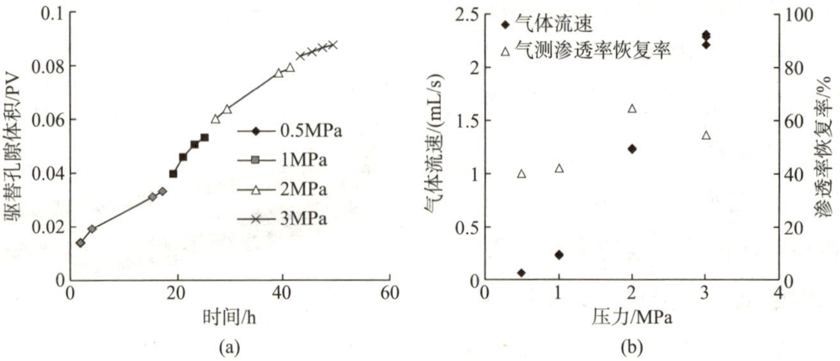

图 4-6 FC-04 作用下驱替孔隙体积-时间（a）和流速、渗透率-与压力关系（b）

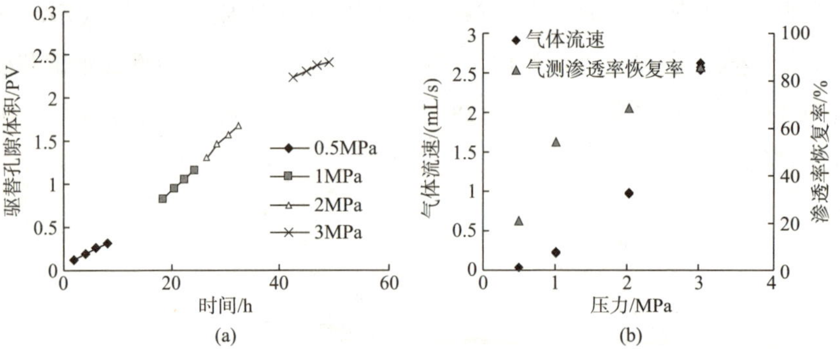

图 4-7 FC-12 作用下驱替孔隙体积-时间（a）和流速、渗透率-与压力关系（b）

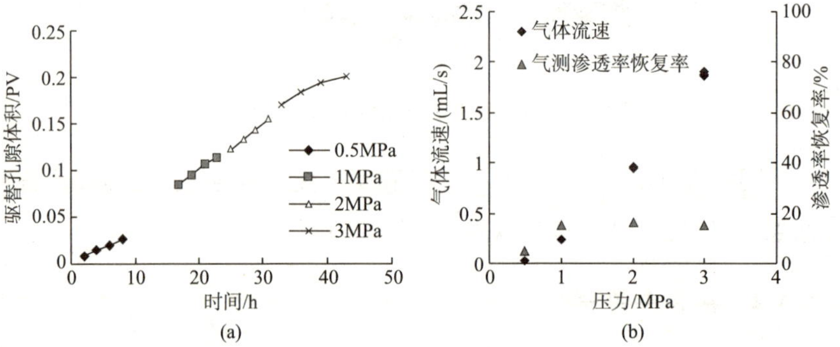

图 4-8 C118 作用下驱替孔隙体积-时间（a）和流速、渗透率-与压力关系（b）

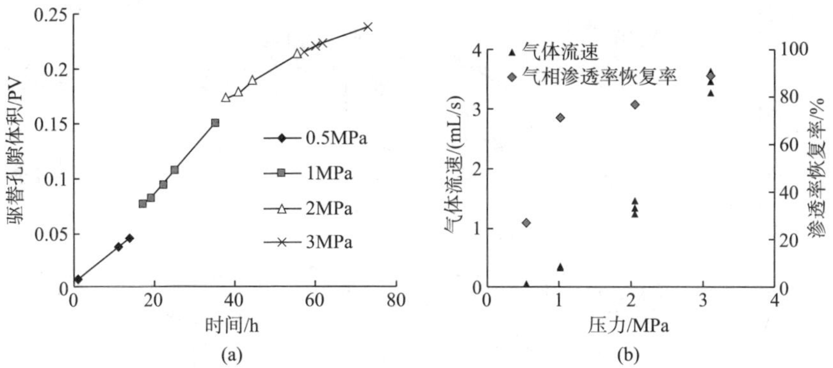

图 4 - 9　FC - 06 作用下驱替孔隙体积 - 时间（a）和流速、渗透率 - 与压力关系（b）

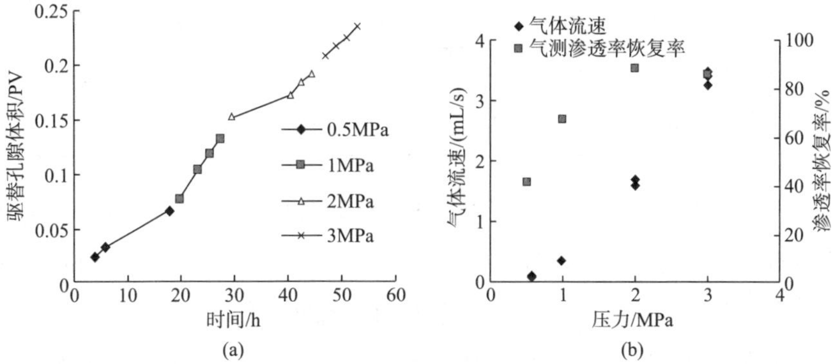

图 4 - 10　蒸馏水作用下驱替孔隙体积 - 时间（a）和流速、渗透率 - 与压力关系（b）

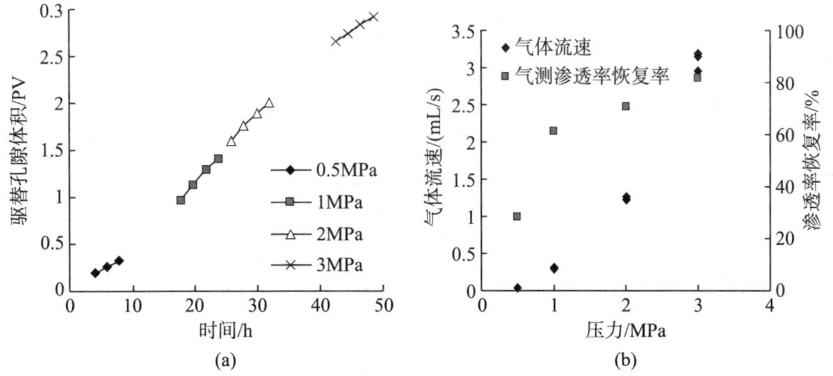

图 4 - 11　FC - 01 作用下驱替孔隙体积 - 时间（a）和流速、渗透率 - 与压力关系（b）

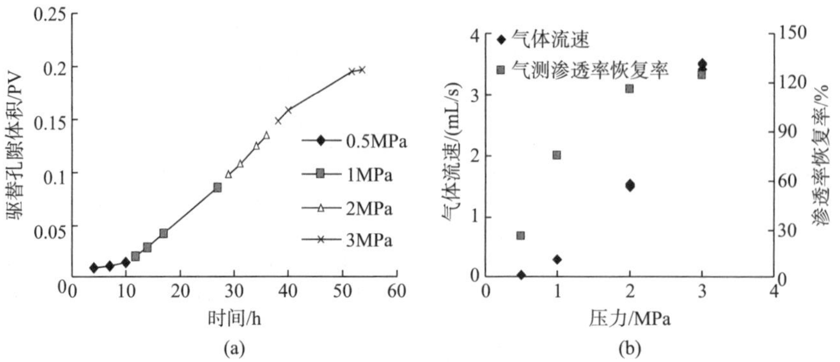

图 4-12　FW-134 作用下驱替孔隙体积-时间（a）和流速、渗透率-与压力关系（b）

表 4-6　各种处理剂的最佳返排压差

岩心号	D14-7	D14-11A	D14-11C	D14-11F	D14-18B	D14-18D
处理剂	FC-04	FC-12	C118	FC-06	FC-01	FW-134
最佳返排压差 ΔP/MPa	1.0	2.0	3.0	1.0	2.0	3.0

同时，从图 4-6～图 4-12 可以看出，随驱替压差的增大，气体流速越来越大，而渗透率的恢复是速度渐减、并趋于稳定的缓慢过程，说明水相圈闭损害的清除是一个受动力学和热力学控制的过程。随着压差增大，孔隙中多余的液相被排出，气体流动通道增大，因此气相渗透率也随之升高。部分岩样呈现出压力超过某值时渗透率降低的现象，FW-134 作用后的渗透率增大了，在 3MPa 压差下，恢复率达到了 120%（表 4-7 和图 4-13）。

表 4-7　不同压力下气体渗透率恢复情况

压差 ΔP/MPa	渗透率恢复率/%					
	FC-04	FC-12	C118	FC-06	FC-01	FW-134
0.5	39.8	20.9	4.9	26.7	28.4	24.7
1.0	42.1	54.1	15.1	70.9	61.3	74.7
2.0	64.7	68.7	16.6	76.5	70.8	115.1
3.0	54.6	85.9	15.1	89.2	81.8	123.9

进一步比较了不同压差下的液相返排率（表 4-8），可以看出，C118 和 FW-134 在实验结束后的返排率都很高，达到了 90% 以上，但 C118 作用后的气

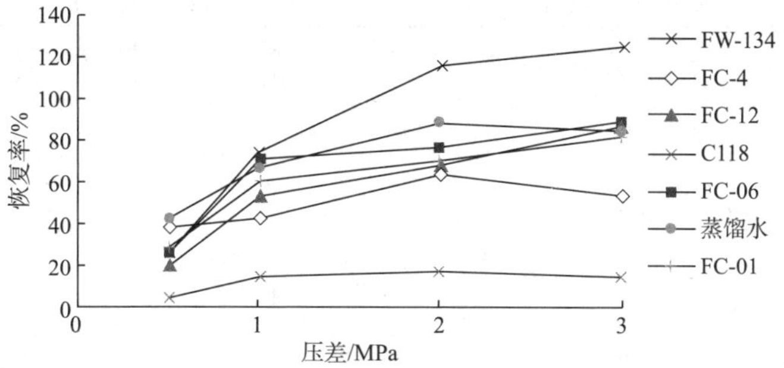

图 4－13　不同压力下气体渗透率恢复率

体的渗透率恢复率却很低，说明 C118 不利于气相在孔隙中的流动。FC－01、FC－06和 FC－12 作用下的液相返排率也分别达到了 82%、77% 和 75%，FC－04 的最终的返排率能未超过 30%，该处理剂作用后的液相返排能力降低。比较发现，在四个压力点下，FC－01、C118、FW－134 的液相驱替速度较大，而 FC－12、FC－06 和 FC－04 的驱替速度相对较小。部分岩样驱替时渗透率恢复率很低（小于 80%），说明气/水两相流时不利于气体流动。

表 4－8　不同压差下的液相返排率

处理剂类型	自吸孔隙体积倍数	ΔP＝0.5MPa		ΔP＝1.0MPa		ΔP＝2.0MPa		ΔP＝3.0MPa	
		驱替孔隙体积倍数	返排率/%	驱替孔隙体积倍数	返排率/%	驱替孔隙体积倍数	返排率/%	驱替孔隙体积倍数	返排率/%
FC－01	0.351	0.032	9.10	0.140	39.85	0.201	57.20	0.291	82.89
FC－04	0.333	0.031	9.30	0.053	15.82	0.079	23.84	0.088	26.33
FC－06	0.308	0.075	24.40	0.149	48.20	0.214	69.43	0.238	77.16
FC－12	0.322	0.032	9.94	0.115	35.72	0.167	51.89	0.241	75.03
C118	0.216	0.027	12.40	0.113	52.06	0.155	71.55	0.201	93.08
FW－134	0.212	0.013	6.28	0.084	39.50	0.134	63.37	0.196	92.42

4.3.3.3　损害分析

比较处理前后岩心气测渗透率及孔隙度的变化。将岩心烘干，重新利用 SC-MS－Ⅱ型高温高压岩心多参数测量仪和岩心流动仪测量渗透率和孔隙度（表 4－9和图 4－14）。

表 4-9 处理剂处理前后岩心物性表（参数测量仪）

岩心号	流体类型	孔隙度 φ/%			渗透率 $K/10^{-3}\mu m^2$		
		处理前	处理后	变化率	处理前	处理后	恢复率/%
D14-7	FC-04	5.452	3.208	41.2	0.304	0.217	71.4
D14-11A	FC-12	7.32	6.418	12.3	0.326	0.197	60.4
D14-11C	C118	6.922	4.781	30.9	0.311	0.196	63.0
D14-11F	FC-06	7.273	5.962	18.0	0.359	0.2	55.7
D14-18B	FC-01	9.592	7.977	16.8	0.322	0.21	65.2
D14-18D	FW-134	9.032	8.477	6.4	0.376	0.341	90.7

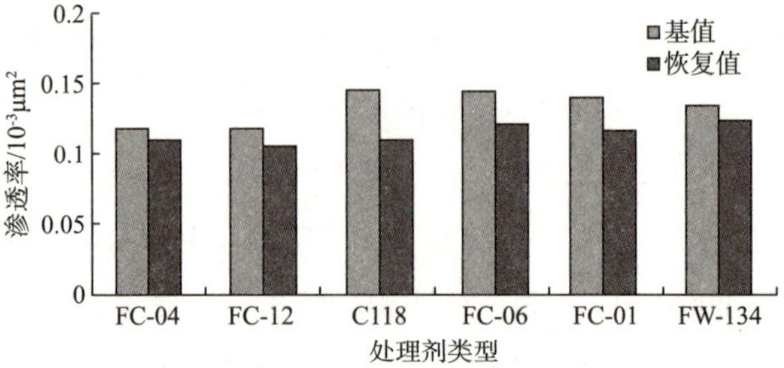

图 4-14 处理前后岩心渗透率变化（岩心流动仪）

从表 4-9 和图 4-14 中可以看出，参数测量仪和岩心流动仪测得的渗透率具有相似的变化，都有所降低，说明存在流体敏感性或因处理剂吸附滞留带来的其他类型损害，FW-134 处理后的岩心渗透率损害率较低。综合水相自吸实验和液相滞留评价，优选氟化物 FW-134 为控制毛管自吸、促进流体返排的最佳处理剂。

通过测定各表面活性剂作用下的气/水表面张力及在岩心表面的接触角，结合毛管自吸实验、液相滞留评价实验、渗透率恢复率、液相返排及损害分析，笔者认为表面活性剂 C118 能降低表面张力、改善润湿性、降低自吸速率、获得较高的液相返排率，但是驱替过程中气相渗透率恢复率较低，即使能较好地返排液相，但对改善气体渗流的效果欠佳；FC-04 对毛管自吸作用没有明显改善，且液相返排率不超过 30%；FC-06 和 FC-12 没有满足低表面张力、高接触角的要求，但液相返排率及渗透率恢复率能达到 75% 以上；损害分析中，FC-01 的渗透率恢复不明显；FW-134 拥有较低的表面张力，可以改变岩心的润湿性为中性润湿，能显著地降低毛管自吸速率，FW-134 作用下气相的渗透率提高到了 120% 左右，液相滞留量降低、能返排液相 90% 以上，因处理剂吸附滞留带来的其他类型损害较小，可作为界面修饰处理剂及改善工作液配方的选择。

第5章　氟表面活性剂性能及储层损害防治效果

为考察FW－134在钻井完井液中应用的可行性，本章进行了氟化物的最佳浓度确定、抗温、抗盐性、滤液毛管自吸与毛管液相滞留评价、工作液动态损害评价等，评价氟化物的常规性能及保护储层的能力。

5.1　最佳浓度确定

大牛地气田进行过压裂、射孔等施工，井底压力大于地层压力，造成了水基流体的侵入，引发水相圈闭损害，井筒附近流体受到钻完井压差及毛管压力的影响显著。在第4章得知，氟化物FW－134作用下，当排驱压差为3MPa时，气相渗透率升高了20%，说明润湿反转后有利于气体流动。为了避免水基工作液侵入储层，在井底压力处于合理的范围内应使毛管压力降低。

本节将利用第4.2.3.2中的接触角测量仪测润湿接触角，将约20μL液体滴在岩心片上，待液滴稳定后，读出液滴在刻度盘上的投影，即为液滴在岩石上的接触角。同时利用JZHY1－180张力仪，分别测氟化物浓度为0、0.01%、0.05%、0.1%、0.2%和0.3%时的气－液表面张力。通过接触角和表面张力测定确定该氟化物的最佳使用浓度。

接触角测试结果见表5－1，未加氟化物时，水相（淡水）在岩石表面迅速铺展，很难测出接触角；在水中加入氟化物后，接触角明显增加。氟化物浓度大于0.1%时，常温下接触角大于90°，表现为疏水性。

表 5-1　不同氟化物浓度下水相接触角（常温）

浓度/%	接触角 θ/(°)（初始状态）			
	θ_1	θ_2	θ_3	平均值
0	/	/	/	/
0.01	40.0	42.2	45.0	42.4
0.05	70.4	70.5	75.3	72.0
0.10	102.3	110.5	102.5	105.1
0.20	92.5	95.5	90.3	92.8
0.30	90.5	86.3	100.5	92.4

注：表中“/”表示液体迅速铺展，不能测出接触角。

表面张力测试结果见表 5-2。加入氟化物后的水溶液表面张力降低，但随着浓度从 0.01% 增加到 0.3%，表面张力降低不明显。

表 5-2　不同氟化物浓度下的气/水表面张力（常温）

浓度/%	表面张力/(mN/m)			
	σ_1	σ_2	σ_3	平均值
0	72.0	71.0	72.3	71.8
0.01	20.3	21.0	20.8	20.7
0.05	21.1	22.3	23.3	22.2
0.10	22.4	22.4	22.5	22.4
0.20	23.4	23.9	23.7	23.7
0.30	22.5	22.7	23	22.7

综合润湿性和表面张力测试结果认为，氟化物浓度在 0.01% ~0.3% 之间变化时，表面张力并没有明显变化，而润湿接触角在浓度为 0.1% 时疏水性达到了最大（平均 105.1°），此时对毛管压力影响较大的是接触角，如图 5-1 所示。绘制了 $\sigma \cdot \cos\theta$ 随氟化物浓度变化曲线，如图 5-2 所示。随接触角增大，毛管压力将降低，当接触角 >90°时，毛管压力发生转向，将成为毛管自吸的阻力、抑制毛管自吸，也有可能成为驱替返排的动力，由此确定了后续实验的氟化物浓度为 0.1%。

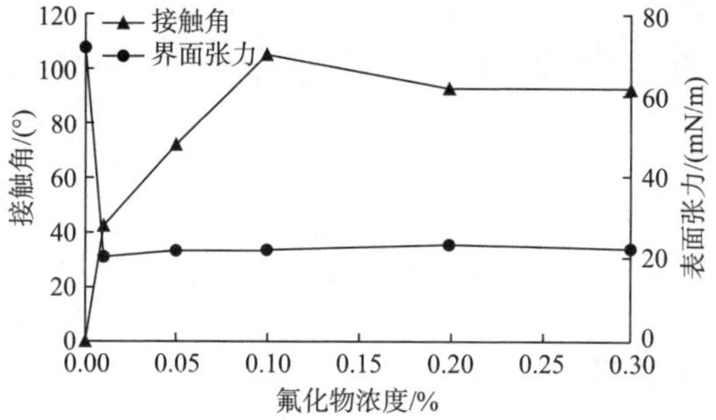

图 5－1　接触角与表面张力随氟化物浓度变化曲线

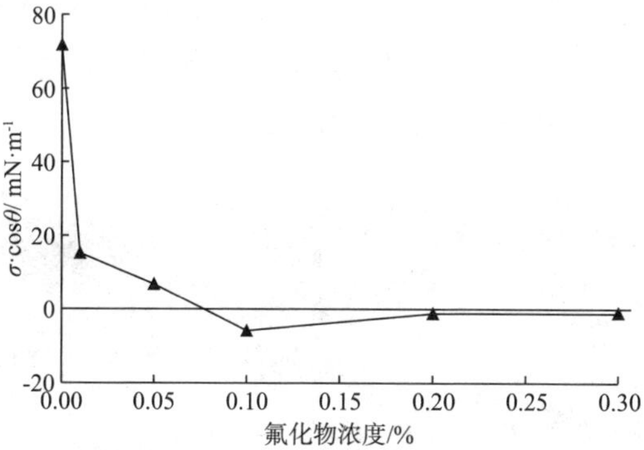

图 5－2　$\sigma \cdot \cos\theta$ 随氟化物浓度变化曲线

5.2　抗温性能研究

实验选用氟化物 FW－134 和某钻井液（体系配方为：3% 膨润土 +1% FT－342 +0.5% SM－1 +0.1% CMC－HV）。

5.2.1　实验过程

（1）将钻井液过滤，得到滤液 A，并配置浓度为 1‰的 FW－134 溶液 B。

（2）将溶液 B 与滤液 A 分别滴在岩心端面，拍照观察接触角。

（3）将溶液 B 在 80℃下密闭处理 20min，再冷却。

（4）将冷却后的溶液 B 滴在岩心端面，拍照观察液滴与岩心的接触情况。

（5）将溶液 B 在 100℃下密闭处理 20min 后冷却。

（6）将冷却后的溶液 B 滴在岩心端面，拍照观察液滴与岩心的接触情况。

（7）将岩心浸泡在含 FW－134 的溶液 B 中，维持温度 100℃，处理 40min。

（8）烘干岩心（48h），将滤液和水分别滴在处理后的岩心端面，拍照观察液滴与岩心的接触情况。

（9）测滤液和水滴在（7）中 100℃处理后的岩心薄片上的接触角。

5.2.2 实验结果

将未加处理剂的滤液 A 直接滴在岩心端面（图 5－3），滤液在岩心表面铺展开来，而将用滤液配置的 FW－134 溶液 B 在岩心端面（图 5－4）时，液体没有铺展，而是成滴状，用接触角测量仪测得溶液 B 滴在岩心上的接触角为 108°，说明在得 FW－134 作用下，滤液不能润湿岩心。

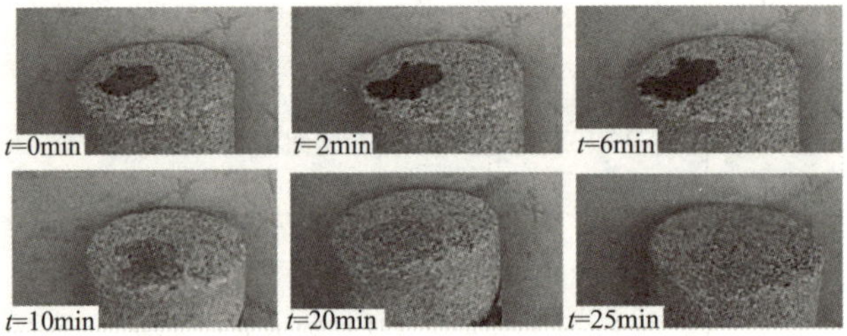

图 5－3　滤液在干净的岩心端面

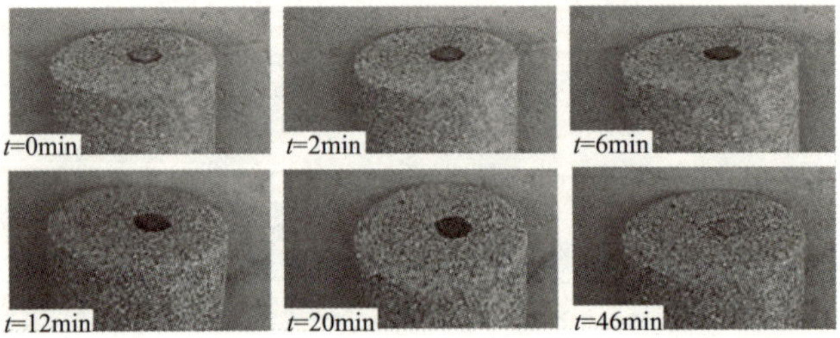

图 5－4　加入 FW－134 后的滤液（溶液 B）在岩心上的铺展情况

图 5－5 和图 5－6 分别是溶液 B 在 80℃和 100℃下处理后在岩心端面的接触角，可见，不论是 80℃还是 100℃，FW－134 作用下，滤液均不易在岩心表面铺展而是成滴状，可见温度对这种表面活性剂的性能影响不大，具有良好的高温稳定性。

图 5－7 是将岩心浸泡溶液 B 中，在 100℃的下处理 40min，烘干（48h）后

分别在岩心端面滴定滤液 A 和自来水，由图可见，即使经过了这样的处理，仍然得到了润湿性改变的岩心。并利用接触角测量仪测得滤液的接触角为 110°左右；滴定水测得接触角约为 120°。可见氟化物 FW－134 有良好的耐温性。

图 5－5　80℃处理的 B 溶液在岩心端面

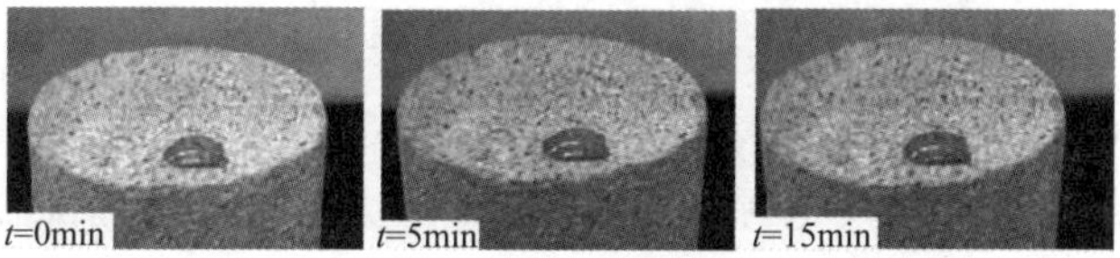

图 5－6　100℃处理的 B 溶液在岩心端面

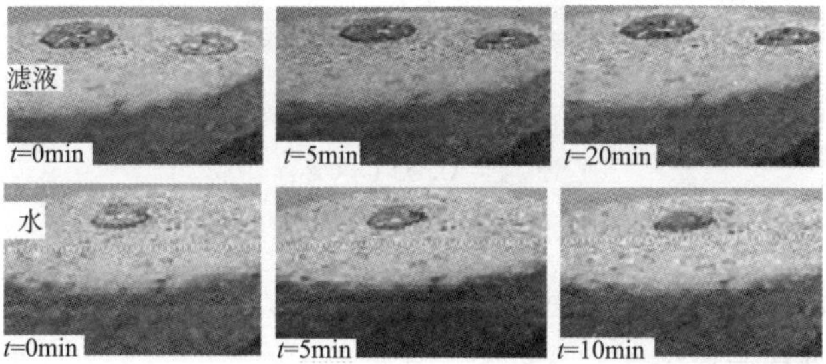

图 5－7　滤液和水分别在浸泡于 100℃的 B 溶液下岩心端面

5.3　抗盐性能

1）淡水钻井液基浆配制

量取 9700ml 清水于搪瓷桶中，在电炉上加热至 70～80℃，边搅拌边加入 30g 钠膨润土，再搅拌 1～2 h，放置 24 h 以上，即得 3% 膨润土基浆 A。

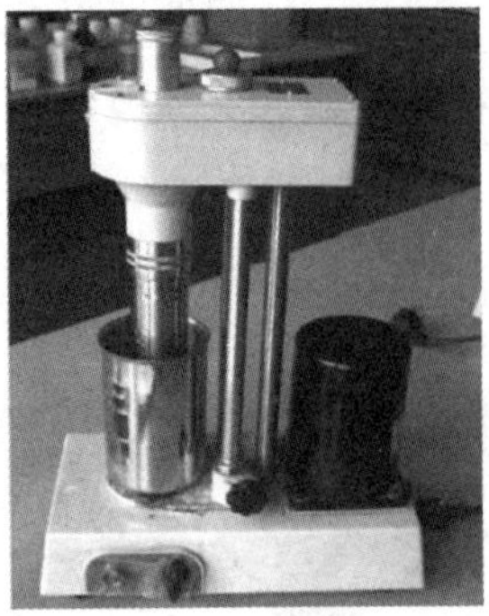

图5-8 六速旋转黏度计

将0.1%FW-134样品加入到基浆A中，制成B浆，高速搅拌30min以上，用六速旋转黏度计（图5-8）测其流变性能，再加入不同浓度的NaCl，进一步考察抗盐性能。

2）钻井完井液原浆（配方同章节5.2）

在原浆中加入氟化物及NaCl，配置方法同上。

3）操作步骤

（1）将0.1%FW-134分别加入基浆A和钻井液（C浆）中，高速搅拌30min以上。

（2）将测试液倒入样品杯刻度线（350ml），立即放置于托盘上，上升托盘使液面至外筒刻度线处，拧紧手轮，固定托盘。

（3）迅速从高速到低速进行测量，待刻度盘读数稳定后，分别记录各转速下的读数。

（4）实验结束后，关闭电源、松开托盘、移开量杯，整理仪器。

$$AV = \varphi_{600}/2 \tag{5-1}$$

$$PV = \varphi_{600} - \varphi_{300} \tag{5-2}$$

$$YP = 0.511(2\varphi_{300} - \varphi_{600}) \tag{5-3}$$

$$\tau_{初} = 0.511 \times \varphi_3 \tag{5-4}$$

$$\tau_{终} = 0.511 \times \varphi_3 \tag{5-5}$$

式中 AV——表观黏度，mPa·s；

PV——塑性黏度，mPa·s；

YP——动切力，Pa；

$\tau_{初}$——10s时的静切力，Pa；

$\tau_{终}$——10min时的静切力，Pa；

φ_{300}——转速为300r/min时的读数，格；

φ_{600}——转速为600r/min时的读数，格；

φ_3——转速为3r/min时的读数，格。

4）实验结果

由表5-3可见，FW-134加入到淡水钻井液中，钻井液黏度、切力变化不大，动/塑比升高，说明FW-134有利于维护和增强淡水钻井液的结构特性，具有很好的配伍性。分别加入 2%、5%、10% 的 NaCl 后，淡水钻井液性能变化不大，由表可知，加入 FW－134 的淡水钻井液有较好的抗盐性。在原浆中，FW－134 可以有效维护钻井液性能，抗盐 10% 以上（表 5－4）。

表 5－3 淡水钻井液中处理剂性能

钻井液组成	表观黏度 *AV*/mPa·s	塑性黏度 *PV*/mPa·s	动切力 *YP*/Pa	动塑比 *YP*/*PV*/(ms)$^{-1}$	初切/终切/(Pa/Pa)
A 浆	9.5	5	4.59	0.92	3.57/3.57
A 浆 +0.05% FW－134	9.5	5	4.59	0.92	3.57/3.83
A 浆 +0.1% FW－134	9.5	4	5.61	1.4	4.08/4.08
B 浆 +2% NaCl	8	4	4.088	1.022	2.04/2.04
B 浆 +5% NaCl	7	4	3.066	0.7665	2.55/2.55
B 浆 +10% NaCl	6.5	4	2.555	0.63875	2.55/2.55

注：A 浆为 3% 基浆；B 浆为 3% 基浆 +0.1% FW－134。

表 5－4 处理剂在原浆中的性能

钻井液组成	表观黏度 *AV*/mPa·s	塑性黏度 *PV*/mPa·s	动切力 *YP*/Pa	动塑比 *YP*/*PV*/(ms)$^{-1}$	初切/终切/(Pa/Pa)
C 浆	105.25	28.5	78.44	2.75	86/95
C 浆 +0.1% FW－134	105.25	28.5	78.44	2.75	86.5/95
D 浆 +2% NaCl	101.5	28	75.12	2.68	80/84.5
D 浆 +5% NaCl	93	26	68.47	2.63	80/83
D 浆 +10% NaCl	91.5	27	65.92	2.44	70/75

注：C 浆为原浆，D 浆为 C 浆 +0.1% FW－134。

5.4 储层损害防治效果评价

为了评价这种处理剂对水相渗吸、液相排驱的影响，进行了毛管自吸实验、毛管液相滞留实验，所用处理剂的浓度为 1‰。将处理剂加入钻井完井液（配方同章节 5.2）中，进行工作液的动态损害评价，通过测定滤失量和不同作用压差下岩样恢复渗透率，考察处理剂对岩样的损害程度和渗透率恢复的影响。

5.4.1 毛管自吸实验装置及程序

实验岩样及流体见表5－5。实验装置见图3－12。

实验程序：①取物性相近的岩心（表5－5）；②打开电子天平电源，校正天平、清零，打开自吸调控程序；③将岩样悬挂在自吸实验装置的天平下面，向底座的盘中注入自吸液；④调节盘的高度，使岩样浸泡在自吸液中2～3mm，开始采集数据；⑤停止实验（天平所称岩心重量不再变），处理实验数据。

表5－5 岩样数据

岩心编号	长度 L/cm	直径 D/cm	渗透率 K/$10^{-3}\mu m^2$	孔隙度 φ/%	实验用流体
Y－3－5	4.48	2.52	18.12	0.089	模拟地层水
Y－1－8	5.77	2.53	18.09	0.085	模拟地层水＋FW－134
JG207－22（A）	6.26	—	12.92	1.27	滤液
JG207－22（B）	6.26	—	12.92	1.27	滤液＋FW－134

5.4.2 毛管自吸实验结果

实验结果（图5－9～图5－11）表明，自吸曲线由两段组成，初始段自吸速率较大，之后迅速降低，最终维持在较低值。处理后岩心总的吸水量由0.5PV降低到0.2PV，自吸10h后，与处理前相比岩心的吸水速率降低了40%～50%，说明处理后毛管压力降低了，自吸作用减弱。实验结果表明处理剂能够有效地改变岩石的润湿性。图5－12、图5－13拍照观察了将岩样沿轴向均分成A、B两半后各自液体自吸高度的变化，由图可见，加入处理剂FW－134前，岩心自吸的很快，而处理之后自吸的很慢，自吸高度几乎不变。

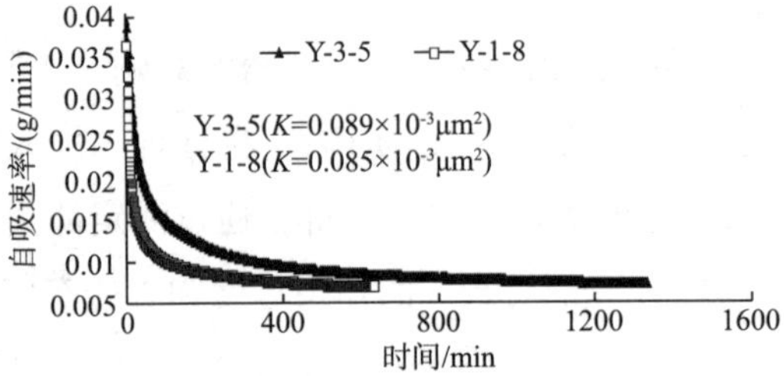

图5－9 模拟地层水中加入FW－134后岩心自吸结果

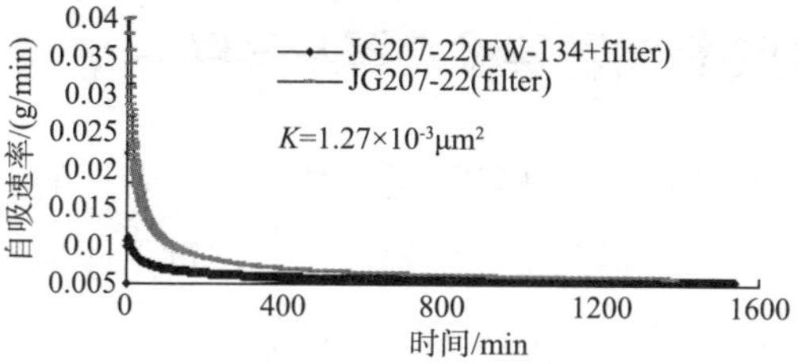

图 5－10　滤液（FW－134）的自吸结果

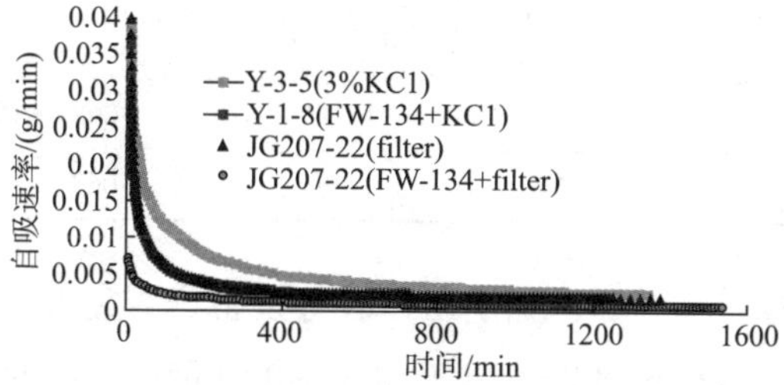

图 5－11　自吸实验结果对比

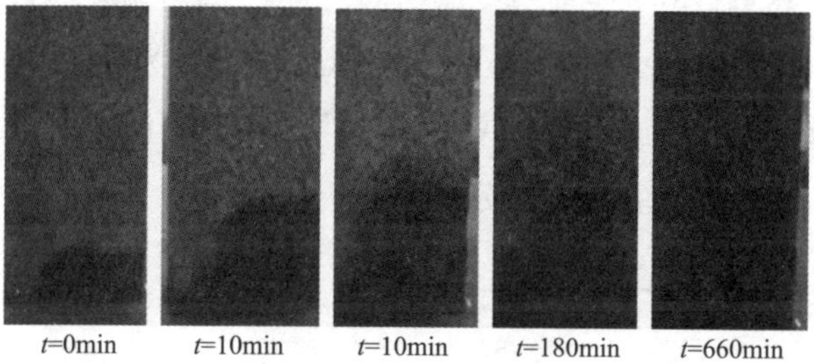

图 5－12　JG207－22（A）在滤液中的自吸高度

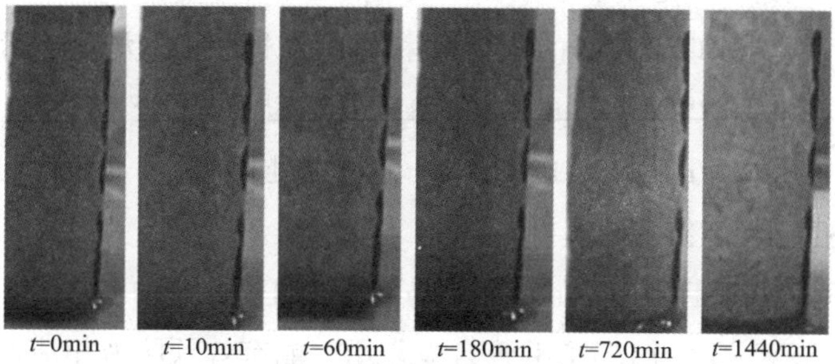

图 5－13　JG207－22（B）在滤液（FW－134）中的自吸高度

5.4.3 毛管液相滞留实验装置及程序

毛管液相滞留实验进行当气体被注进处理后及未处理的岩心时，通过排出的水量及驱替速率的对比，考察液相滞留程度。处理过程即抽真空饱和过程。实验岩样及流体见表5-6，装置示意图见图3-13。

表5-6　岩心物性资料

岩心编号	长度 L/cm	直径 D/cm	渗透率 K/ $10^{-3}\mu m^2$	孔隙度 φ/%	实验用流体
Y-14-1	5.38	2.52	17.66	0.068	模拟地层水
Y-14-3	5.79	2.52	17.74	0.068	模拟地层水+FW-134

实验步骤：①检查氮气源，确定压力表等设备是否完好，连接线路；②选两块岩心（表5-6），60℃下将岩心烘干48h；③测量岩心常规物性（φ、K）；④用配制的实验流体（模拟地层水及FW-134的水溶液），抽真空饱和岩心24h；⑤将岩心取出，称重；⑥将岩心装入岩心夹持器；⑦关减压阀，打开氮气瓶阀门；⑧加围压4.0MPa；⑨微调减压阀，使压力表读数为0.2MPa；⑩每隔1h将岩心取出，称重，再重新放入岩心夹持器中；⑪重复以上过程，直到称得的岩心重量不再变化；⑫处理实验数据，分析结果。

5.4.4 毛管液相滞留实验结果

图5-14是岩心处理前后驱水量的对比，图5-15是驱替速率与时间的关系曲线。可见，处理后岩心的驱水量比未处理岩心的驱水量少；而从开始排驱的相当长一段时间内，处理后岩心的驱替速率明显比未处理的大。4h后，处理前后的驱替速率分别为0.0025g/min和0.0071g/min，提高了2.8倍。10h后，驱替速率分别降到0.0012g/min和0.0022g/min，仍是处理前的1.8倍，随时间增加，处理前后的驱替速率逐渐接近。

由此可见，处理后岩心中的液相更易清除，且岩心总的吸水量降低了，进一步说明处理剂FW-134减弱了毛管自吸作用，能有效预防液相滞留。同时，因处理剂吸附、流体敏感性等造成的损害也较低（表5-7）。

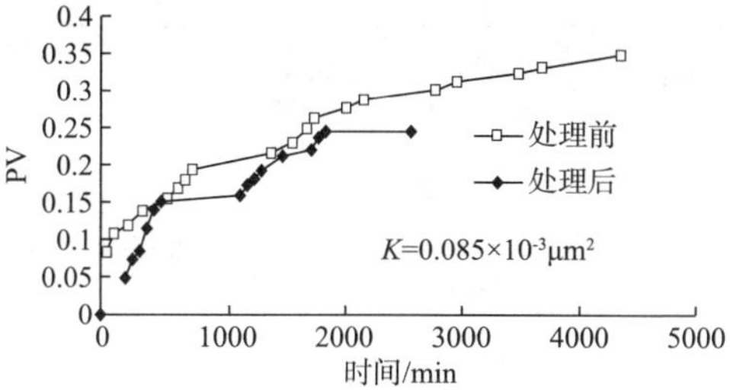

图 5－14　岩心处理前后驱水量

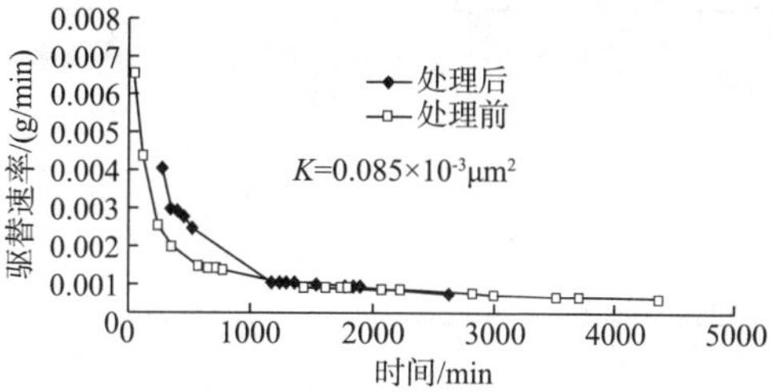

图 5－15　处理前后驱替速率

表 5－7　处理前后岩心物性

岩心编号	实验流体	处理条件	长度 L/cm	处理前		处理后	
				渗透率 K/ $10^{-3}\mu m^2$	孔隙度 φ/%	渗透率 K/ $10^{-3}\mu m^2$	孔隙度 φ/%
Y－1－8	FW－134＋模拟地层水	常温自吸	5.77	0.085	18.09	0.079	17.56
Y－14－3	FW－134＋模拟地层水	抽真空饱和	5.79	0.068	17.74	0.060	17.54
Y－2－1	FW－134＋滤液	100℃、40min	4.94	0.072	17.30	0.048	16.84

5.4.5　工作液动态损害评价

5.4.5.1　实验准备及条件

选取实验岩样 4 块（表 5－8），建立初始含水饱和度 20%，利用钻井完井液（配方与节 5.2 同）和氟化物 FW－134，模拟井下工况：钻井完井液温度 $T=80℃$，压差 $\Delta P=3.5MPa$，循环剪切速率 $v=40s^{-1}$，时间 $t=60min$，评价钻井完井液中固相和液相的综合损害及利用氟化物改性后，钻井液完井液保护储层的效果。所用仪器设备为 MFC－Ⅰ型多功能损害评价仪（图 5－16）和岩心夹持器。

表 5－8　动态损害评价岩样及实验流体

岩心号	长度 L/cm	直径 D/cm	孔隙度 φ/%	渗透率 K/ $10^{-3}\mu m^2$	孔隙体积 PV/mL	初始含水饱和度 S_{wi}/%	重量 G/g	备注
S2－7	4.96	2.51	3.74	0.017	0.9211	20	69.132	钻井完井液
S2－15	3.87	2.51	3.79	0.0123	0.7249	20	70.144	

续表

岩心号	长度 L/cm	直径 D/cm	孔隙度 φ/%	渗透率 K/$10^{-3}\mu m^2$	孔隙体积 PV/mL	初始含水饱和度 S_{wi}/%	重量 G/g	备注
D-82	6.343	2.525	15.51	0.0511	4.929	21	71.2196	钻井完井液+0.1% FW-134
A-57	6.334	2.52	15.99	0.0581	5.0535	23	70.083	

图5-16 高温高压多功能水平井损害评价仪（MFC-I）

5.4.5.2 实验程序

（1）测量实验岩心基本物性，烘干并称其干重 G_0。

（2）建立实验岩心初始含水饱和度 $S_{wi}=20\%$，称岩心重量 G_1，将岩心密封24h。

（3）取出岩心，称重 G_2；将岩心装入岩心夹持器，加上围压（10MPa）和温度（室温），在流动压差分别为0.5MPa、1.0MPa、1.5MPa、2.0MPa、2.5MPa、3.0MPa、3.5MPa、4.0MPa、4.5MPa时，用氮气正向驱替岩心，通过皂泡流量计测量各个压力下的气体流量 Q_{0i}；测量时，待流压和流量稳定，每隔10min测量一次，连续测量3次，如果连续3次测量的渗透率之间差别不超过3%，即可测下一个压力点；测量后，计算出渗透率 K_{0i}。

（4）将岩心装入MFC-Ⅰ型多功能损害评价仪的夹持器中，设置围压（10MPa）、温度（室温），将钻井完井液加热到实验温度80℃，在加热过程中观察围压变化，及时调整围压，增大围压时确保岩样上净应力增加速率不超过6.8MPa/h。待温度稳定后，同时打开搅拌器（剪切速率 $S^{-1}=40$）和实验压差（3.5MPa），反向循环钻井完井液60min，记录滤液累积滤失量并计算岩心渗透率，循环后称量岩心重量 G_3，计算钻井完井液侵入量 G。

（5）将岩心装入岩心夹持器，在压差为5MPa下用氮气正向驱替3h。

（6）在同（3）中不同流动压差下，用氮气正向驱替岩心，通过皂泡流量计分别测量不同压力下的流量 Q_{1i}，计算出渗透率 K_{1i}，并计算不同压差下 Q_{1i}/Q_{0i} 值或 K_{1i}/K_{0i} 值以评价钻井完井液损害程度，做出图表。

（7）实验结束。

5.4.5.3　实验结果

通过实验数据，分析钻井完井液对岩心的损害程度、岩样的渗透率恢复率；分析加入表面活性剂的钻井完井液对岩样损害程度及岩样渗透率恢复率。

1）滤失与返排分析

由图5－17和表5－9、表5－10可知，加入氟化物FW－134后，累计滤失量稍有增加，但平均返排率由46.6%提高到了87.1%，可见，该表面活性剂的加入能提高返排效果。加入氟化物后，固相进入和液相滤失没有明显增大，结合第三章和本章中毛管自吸被有效抑制的结果，笔者认为，在无裂缝的致密储层井筒附近，压差对滤液侵入作用并不明显，毛管力起到了至关重要的作用，有裂缝存在当做他论。

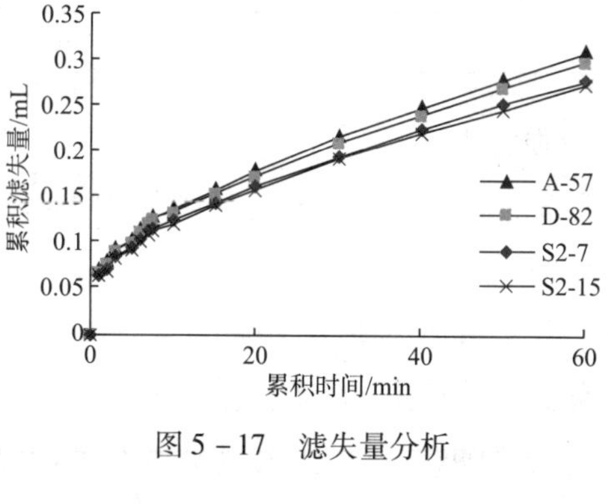

图5－17　滤失量分析

表5－9　固液相侵入对比分析

工作液	钻井完井液		钻井完井液＋0.1%FW－134	
岩样号	S2－7	S2－15	D－82	A－57
累积滤失量/mL	0.279	0.273	0.31	0.297
返排量/mL	0.125	0.132	0.253	0.2752
返排率/%	44.8	48.4	81.6	92.7

表 5-10 累计滤失体积

工况		钻井完井液		钻井完井液 +0.1% FW-134	
滤饼形成	计时/min	S2-7	S2-15	D-82	A-57
		累积体积/mL	累积体积/mL	累积体积/mL	累积体积/mL
	0	0	0	0	0
	1	0.065	0.064	0.068	0.073
	2	0.072	0.070	0.077	0.08
	3	0.086	0.084	0.091	0.095
	5	0.095	0.092	0.10	0.11
	6	0.10	0.10	0.11	0.12
	7	0.11	0.11	0.12	0.13
	7.5	0.12	0.11	0.12	0.13
	10	0.12	0.12	0.13	0.14
	15	0.14	0.14	0.15	0.16
	20	0.16	0.16	0.17	0.18
	30	0.20	0.19	0.21	0.22
	40	0.23	0.22	0.24	0.25
	50	0.25	0.25	0.27	0.28
	60	0.28	0.27	0.30	0.31

2）渗透率恢复率及损害程度

通过损害前后渗透率的测定，我们分析了各压力下渗透率的变化情况和渗透率恢复程度。由图 5-18 知，在规定的实验条件下，未加入表面活性剂的钻井完井液作用在岩心上会使渗透率降低 30% 以上，在 5MPa 下驱替 3h 后，测得不同压力下渗透率恢复情况不佳，最高恢复 60% 左右，渗透率随压差的变化不大。而 FW-134 作用下的两块岩心，表现也略有不同（图 5-19），A-57 岩样渗透率反而增高，各点下的渗透率均高于原始渗透率，可见流体在岩心的流动能力得到改善；D-82 块岩心渗透率稍有降低，最高点渗透率恢复到 80%，平均渗透率恢复率达到 75% 以上，当流压高于 4.0MPa 后，气体渗透率均有下降的趋势。

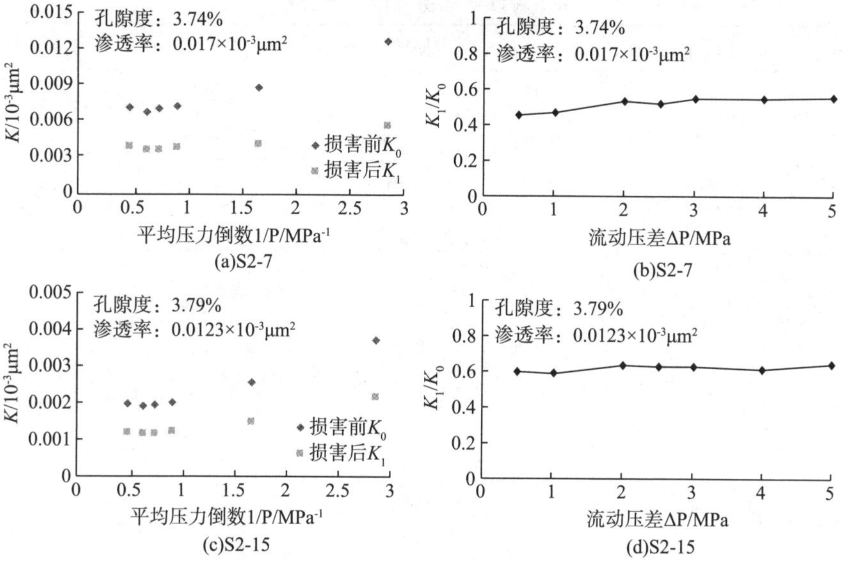

图 5－18　无处理剂时渗透率恢复与损害情况

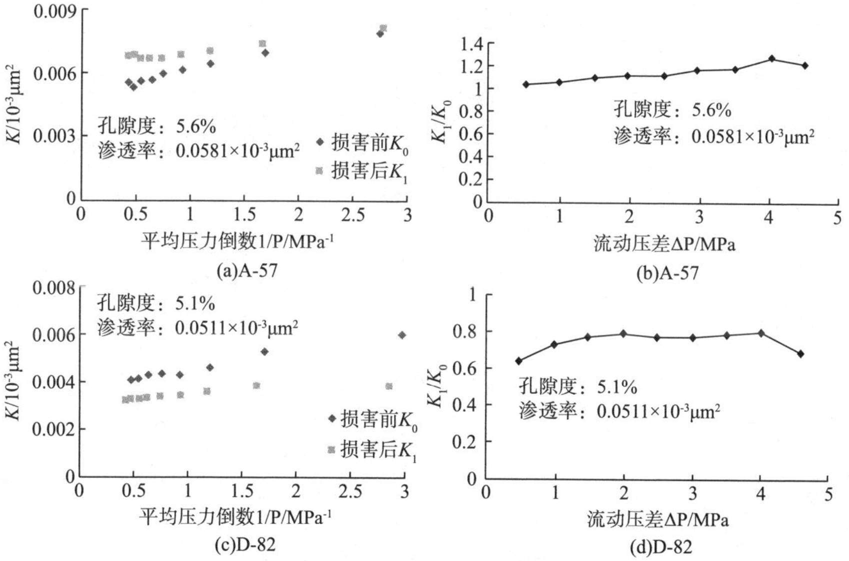

图 5－19　有处理剂时渗透率恢复与损害情况

定义损害率 R 为（K_0-K_1）/K_0，评价标准为：R 小于 5% 时，无损害；R 在 5% ~30% 时，弱损害；R 在 30% ~50%，中等偏弱；R 在 50% ~70%，中等偏强；R 大于 70% 时，强损害。总的看来，氟化物 FW－134 的加入有助于改善钻井完井液的性能（表 5－11）。

表 5-11 损害程度对比分析

岩样	$K_0/10^{-3}\mu m^2$	$K_1/10^{-3}\mu m^2$	损害率/%	损害程度	实验流体
S2-7	0.0049	0.003	40	中等偏弱	钻井完井液
S2-15	0.0013	0.0008	36	中等偏弱	
D-82	0.0037	0.0031	16.6	弱	钻井完井液+0.1%FW-134
A-57	0.0051	0.0064	-25.6	无	

第 6 章　氟化物表面吸附表征及界面修饰机理

目前对界面修饰机理的解释主要从以下两个方面进行。

1）改变界面结构形貌

氟化物吸附可以改变黏土矿物微观结构和性能。吸附物质在岩石表面的作用可以概括为三个阶段：首先，表面活性物质或纳米颗粒随液体侵入储层微孔并向水化层靠近。其次，由于岩石表面矿物带有大量永久负电荷和少量可变电荷及羟基，使得表面活性剂或纳米颗粒在库仑力、氢键和范德华力作用下，克服疏水阻力作用、穿透水化层，优于水分子吸附在岩石矿物表面。最后在矿物表面形成多层吸附层，并在内外力作用下达到吸附与解析平衡。最终表面活性剂在岩石表面的吸附使其表面形貌发生重组，形成具有不规则纳—微结构的表面，这种结构提高了微突起的空气垫面积、增强微突起的拒水能力。

2）低表面自由能

固体的表面能高于液体表面能，固相表面能越高，越易被液相润湿。润湿性能是由固体表面原子及其堆积形态所决定的，与内部组成及排序无关，要想改变岩石润湿性，就要降低表面能或改变表面粗糙度，故表面修饰必须从材料表面的化学结构与表面形貌入手，修饰后其最终的结构具有最低的表面自由能。因此，岩石的表面修饰应考虑储层黏土矿物成分、产状及孔喉尺寸，且处理剂要与储层岩石及流体配伍，提高液相返排率，同时尽量不降低气相渗透率，使其对储层损害程度最低。由于氟化物是自然界中表面能最低的材料，氟原子电负性强，因此具有修饰低能表面的潜力。本书中应用的氟化物中，C—C 主链被氟原子包裹，与氟原子相连的碳原子受到极大斥力，使得矿物表层氟元素富集、降低了表面能，为表面提供了疏水条件。氟基团增加会使化合物的疏水性能增强，而利于水相流动。

因此，本章首先分析了致密砂岩气藏的矿物表面结构及性质，然后利用红外光谱仪分析氟化物的分子结构和特殊官能团，并借助原子力显微镜微观分析手段表征、分析氟化物与岩石矿物表面的作用方式、吸附状态，以此研究界面修饰及其预防水相圈闭损害机理。

6.1 硅酸盐矿物表面结构及性质

致密砂岩气藏表面的岩石矿物结构与性质是考察氟化物与岩石反应的基础，矿物的表面结构、表面基团决定其与氟表面活性剂的作用。大量试验表明，对表面活性剂的吸附起主要作用的是只占岩石矿物很少部分的黏土、碳酸盐等胶结物，主要成分是层状硅酸盐矿物，含有氧、硅、铝、钙、钠和钾等元素。

6.1.1 常见层状硅酸盐矿物结构

具有层状硅氧骨干的硅酸盐晶体呈板状、片状、甚至鳞片状，延展方向与硅氧骨干层平行。由于其晶体结构和化学成分的复杂性，解离后的层状结构硅酸盐矿物表面存在特殊性。

（1）高岭石：如图6－1所示，为1∶1型硅酸盐型矿物，由硅氧四面体和铝氧八面体组成，网层间依靠氢键互相联结，矿物解离时主要沿层间断裂，因此矿物解离后由于硅氧键发生断裂棱上主要存在 Si^{4+} 和 O^{2-}；面上氢键断裂，含有 O^{2-} 和 OH^-，造成矿物表面亲水。

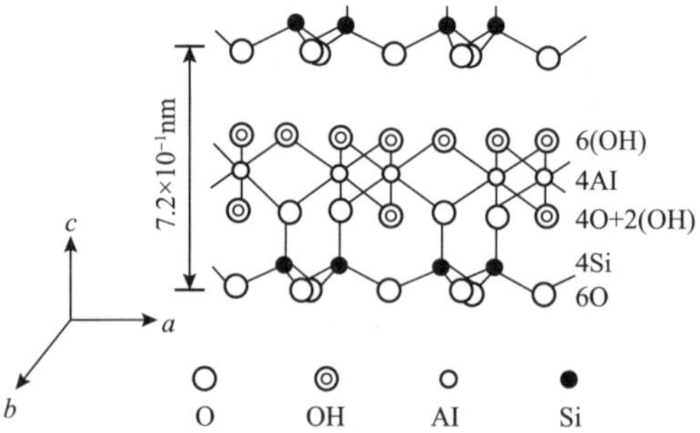

图6－1　高岭石晶体构造示意图

（2）对于2∶1型硅酸盐矿物，如蒙脱石（图6－2），三层夹心为电中性，晶体由范德华力结合在一起。矿物解离时夹心破裂使表面仅有一些破裂的残余键，呈现非极性。

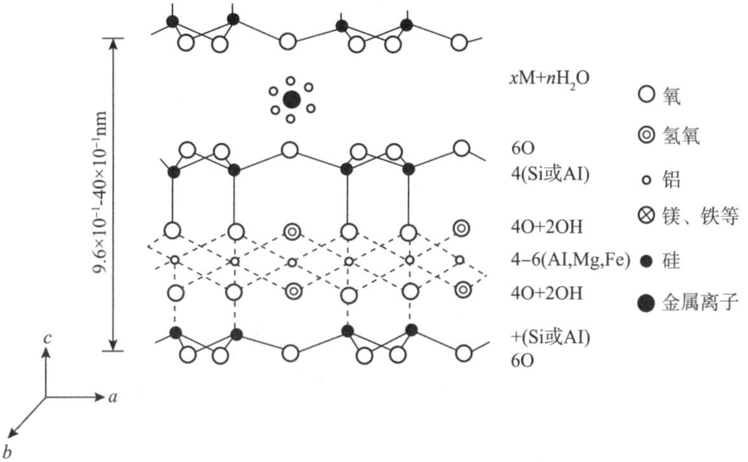

图 6－2　蒙脱石晶体构造示意图

（3）云母族硅酸盐矿物也为三层结构硅酸盐，如图 6－3 所示。其结构中一些 Al^{3+} 替换硅氧四面体中的硅 Si^{4+}，因此夹心面带一个受单位层间阳离子补偿的电荷。层间依靠 12 配位的碱金属离子相互联系，键较弱且离子具有活性，因此矿物解离后的水溶液中表面带有不依赖于 pH 值的较高的负电荷，可以使阳离子覆盖在负电荷区使表面疏水。

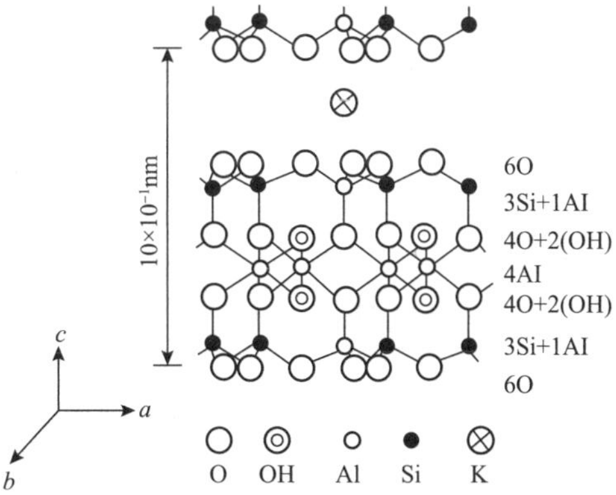

图 6－3　白云母的晶体构造示意图

（4）绿泥石：如图 6－4 所示，为三层结构，由于层中硅铝比的增加，使其离子电荷充足，金属离子更适合在层间以键合配位的形式存在，通过“水镁石型”层达到键合的目的。在“水镁石型”层中有三分之一的镁离子被 Al^{3+} 替换，而产生一个带正电的层。该矿物解理后，表面存在水镁石层破裂的键，使矿物表面带有交错带电的碎面，阴阳离子均易吸附。

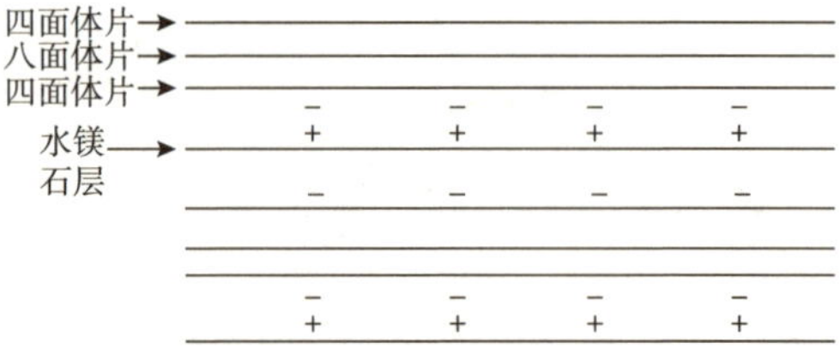

图6-4　绿泥石晶体构造示意图

6.1.2　层状硅酸盐矿物破碎后表面特性分析

层状硅酸盐矿物解离时一般沿键力较弱的层间方向发生断裂，由于该类结构矿物化学组成和晶体结构的复杂性，解离后的表面特性也较为复杂。

以云母类矿物为例，层间主要为大半径的 K^+ 或 Na^+，平衡因离子取代导致的层内短缺正电荷，由于 K—O 键能远小于 Al—O 和 Si—O，矿物解离时，K—O 易断裂，使云母沿层间断裂，解离面上暴露出 K^+ 和硅氧四面体阴离子，端面上含有铝、氧和部分硅离子，由于云母解离面与端面的面积比很大，因此其表面上主要是硅氧四面体阴离子，表面剩余键能为离子键。同时钾离子在水溶液中易溶解，导致矿物表面有很强的键合羟基的能力，且亲水，可以预测云母断裂面在水溶液中恒带有负电荷，负电性较强。高岭石解离时，易于沿与层间平行的方向劈开，这是由于高岭石的层间力主要是氢键和范德华力，远小于离子键和共价键（硅氧四面体与铝氧八面体中）的键能，且 Si_2O_3 和 Al_2O_3 的表面行为受溶液 pH 影响，酸性介质中表面/端面荷正电，中性或弱酸质表面/端面不荷电，碱性时表面或端面荷负电。伊利石晶体结构是水化了的层状结构矿物，层间阳离子常为 K^+ 或 Na^+、Ca^{2+}，用以补偿置换引起的正电荷短缺，并将相邻的结构单元层连接起来，层间为较弱的离子键和分子键，表面亲水性强。绿泥石硅酸盐矿物层中铝硅比大，离子电荷充足，金属离子在层间以键合配位形式存在，解离后的矿物表面具有交错带正电的碎面。

孙传尧等认为，无机离子调整剂在硅酸盐矿物表面主要发生静电吸附，同时还可通过化学键力与矿物表面离子发生键合，导致化学吸附或表面反应，含有 O、F、N 等大电负性原子的基团能与表面羟基以氢键键合，而使之吸附于矿物表面之上。

6.2 氟化物分子结构解析

红外光谱分析是对表面活性剂最强有力的工具之一，它的特点是用少量样品快速、准确地得到较多信息。且即使是混合类型的表面活性剂也能得到它官能团及类型的信息。每种化学物都有自己特定的红外光谱。红外光谱可用于分子结构的基础研究和化学组分分析，是研究分子的结构和化学键、表征和鉴别化学物种的方法。

本章利用红外光谱分析仪（WQF－520型FTIR）分析了氟化物的分子结构和特殊官能团，为分析表面活性剂分子/岩石的界面相互作用打下基础。

红外光是一种波长介于可见光区和微波区之间的电磁波谱。波长在0.78～1000μm。通常又把这个波段分成三个区域，其波长或波数及能级跃迁类型见表6－1。中红外区是研究、应用最多的区域，该区域内的吸收是由分子的振动能级（伴随转动能级）跃迁引起的，故也称之为转振光谱。波数与波长有如下关系式（6－1）：

$$\sigma = 10^4/\lambda \tag{6-1}$$

式中 σ——波数，cm^{-1}；

λ——波长，cm。

红外光谱具有高度特征性，可采用与标准化合物的红外光谱对比的方法来做分析鉴定。红外光谱产生的条件：1）辐射应具有刚好满足物质跃迁所需要的能量，即红外光的频率与分子中某基团振动频率一致；2）辐射与物质间有偶合作用，即分子振动引起瞬间偶极矩变化。完全对称的分子，没有偶极矩变化，辐射不能引起共振，无红外活性，如：N_2、O_2等；非对称分子有偶极矩，具有红外活性，如HCl。

表6－1　红外光谱区分类

名称	波长 λ/μm	波数 σ/cm^{-1}	能级跃迁类型
近红外（泛频区）	0.78～2.5	12820～4000	O—H、N—H及C—H的倍频吸收
中红外（基本振动区）	2.5～25	4000～400	分子中基团振动、分子转动
远红外（转动区）	25～1000	400～10	分子转动、晶格振动

6.2.1 红外光谱仪及光谱产生机理

本书使用仪器为傅立叶变换红外光谱仪 WQF－520 FTIR（图6－5），产地：北京瑞利分析仪器公司；769YP－15A 粉末压片机，产地：天津科器高新技术公司。

(a)装置图

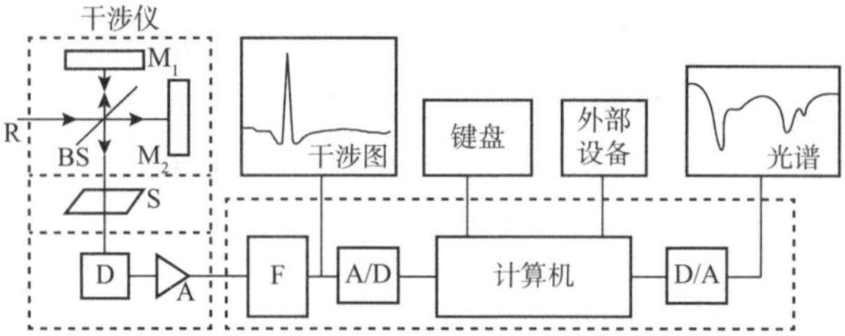

(b)原理图

图6－5　傅立叶红外光谱分析仪

R—红外光源；M_1—定镜；M_2—动镜；BS—光束分裂器；S—试样；D—探测器；A—放大器；F—滤光器；A/D—模数转换器；D/A—数模转换器

该傅立叶变换仪主要部分包括光源、迈克尔逊光束干涉仪、探测器和计算机。当仪器中的动镜移动时，经过干涉仪的两束相干光间的光程差就改变，探测器所测得的光强也随之变化，从而得到干涉图。经过傅立叶变换的数学运算后，就可得到入射光的光谱。这种仪器具有高的灵敏度和精确度。

光谱产生机理：红外吸收光谱是由分子不停地振动和转动而产生的，分子振动是指分子中各原子在平衡位置附近做相对运动，多原子分子可组成多种振动图形。当分子中各原子以同一频率、同一相位在平衡位置附近作简谐振动时，这种振动方式称简正振动（伸缩振动和变角振动）。分子振动的能量与红外射线的光量子能量正好对应，因此当分子的振动状态改变时，就可以发射红外光谱，也可以因红外辐射激发分子振动而产生红外吸收光谱。分子的振动和转动的能量不是连续而是量子化的。但由于在分子的振动跃迁过程中也常伴随转动跃迁，使振动光谱呈带状。所以分子的红外光谱属带状光谱。分子越大，红外谱带也越多。

6.2.2 制样方法及要求

在红外光谱的测定上被广泛应用的调制剂有 KBr、KCl，它们的共同特点是在中红外区（400～4000cm^{-1}）完全透明，没有吸收峰。本实验采用分析纯 KBr 为试样调制剂。

对于固体试样，实验采用压片法，制片前在红外灯下充分干燥：取干燥的固体试样 1～3mg，在玛瑙研钵中研细，再加入 100～300mg 磨细干燥的 KBr 粉末，混合研磨均匀，放入样品成型器（模具）中。在 769YP－15A 型粉末压片机上加压 20 牛，保持 2min 左右，即可得到一定直径（约 1cm）及厚度（约为 0.05～0.15mm）的薄片，然后将此薄片放在红外光谱分析仪的样品窗口上进行测定，图像由计算机自动采集。

对于液体样品，先制片再涂膜：先将适量的 KBr 粉末放入玛瑙研钵中研磨，制成成形薄片，用洁净的吸管取适量液体试剂，涂在 KBr 基片上，使其自由均匀铺展，然后将此薄片放在红外光谱分析仪的样品窗上进行图像采集。

制样要求：

（1）应合理选择试样浓度和测试厚度。浓度太小、厚度太薄，会使一些弱的吸收峰和光谱的细微部分不能显示出来；过大、过厚，又会使强的吸收峰超越标尺刻度而无法确定其真实位置。

（2）试样中不应含有游离水。水分的存在不仅会侵蚀吸收池的盐窗，而且水分本身可在红外区域被吸收，得不到准确的光谱图形。

（3）试样应该是单一组分的纯物质。多组分试样在测定前应尽量预先进行组分分离，若各组分光谱重叠，对图谱造成错误解释。

（4）温度对薄片的制作及测试效果影响显著，应尽量保持室内恒温。

6.2.3 FW－134 的红外光谱解释

采用光谱差减法（背景扣除法）得到了氟化物的光谱曲线。纵坐标为被吸收峰的透射率 T，一般红外光谱中的极限透射率在 80% 以上，透射率越小、吸光度越大，吸收峰就越强，往往暗示着某一特殊的官能团存在。横坐标为波数 σ，波数为波长的倒数，即单位长度内波的数目。波数在 4000cm^{-1} σ ＞1300cm^{-1} 的区域称为特征区，是主要官能团及化学键的吸收带，波数在 1300cm^{-1} > σ > 400cm^{-1}的区域称为指纹区，功能类似于人的指纹，可进一步判断谱带是由振动还是转动形成的。

傅立叶变换红外光谱（FTIR）的谱图解析就是根据实际上测绘的红外光谱所出现的吸收谱带的位置、强度和形状，利用基团振动频率与分子结构的关系，来确定吸收谱带的归属，确认分子中所含的基团或键，并进而由其特征振动频率的位移、谱带强度和形状的改变，来推定分子结构。其谱图解析的程序可大体分为两步：①所含的基团或键的类型；②推定分子结构。

一般采用先特征、后指纹；先强峰、后次强峰；先粗查、后细找；先否定、后肯定的方法；先识别特征区的第一强峰，找出其相关峰，并进行峰归属再识别特征区的第二强峰，找出其相关峰，并进行峰归属。特征吸收谱带的数目、位置、形状及强度取决于分子中各基团（或化学键）的振动形式和所处的化学环境。根据文献、书籍、图谱等资料，可以看出有机分子的特征频率（图 6 -6）。该物质的极限透过率较低，可能与压片的模具不清洁、基底涂膜不均等因素有关。

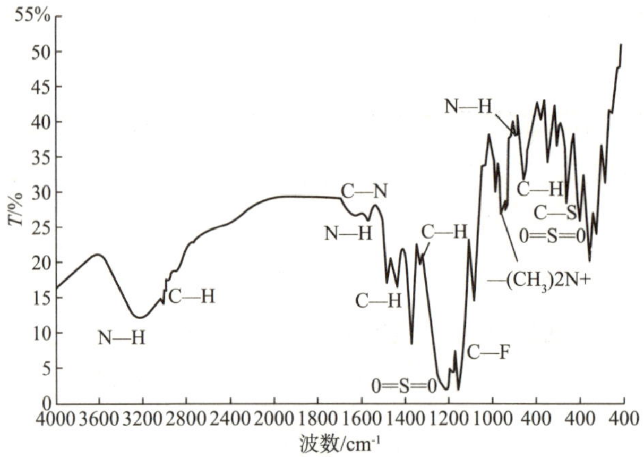

图 6 -6　FW -134 红外光谱图

在 3250 ~ 3280cm^{-1} 为磺酰胺类中 N—H 的伸缩振动，变形振动发生在 1600cm^{-1}和 800 ~900cm^{-1}附近，同时在 1520 ~1650cm^{-1}出现 C—N 键的伸缩振动。在 1207cm^{-1}和 604cm^{-1}附近表现为磺基 SO_2 的强伸缩振动，在溶液中，S ═O 向较高波数移动，在 600 ~700cm^{-1}间处出现的一系列较微弱的峰是 C—S 所产生的，且受到 S ═O 的影响。在 1151cm^{-1}、940 ~1083cm^{-1}附近表现为—CF_3 或

—CF_2中—C—F 的伸缩振动，在 480 ~ 600cm^{-1}附近表现为—CF_3的 C—F 弯曲振动。多个 F 的 C—F 伸缩振动发生在 1000 ~ 1400cm^{-1}，由于 C—F 在振动过程中易受相邻基团的影响而使振动频率改变，轴向与平面内的 C—F 振动频率不同，且可能存在同分异构体，使得 C—F 在红外光谱的吸收中不易被察觉。在 1110 ~ 1250cm^{-1}附近为 C_5以上分子的同分异构体中 C—C 骨架振动频率，因此可能存在全氟烷基类的同分异构体。在 700 ~ 910 范围内表现为 C – N 的骨架振动。2800 ~ 3000cm^{-1}的吸收峰为—CH_2—或—CH_3基团中 C—H 键的反对称伸缩振动和对称伸缩振动频率，说明存在—CH_2—和—CH_3。在 1430 ~ 1480cm^{-1}附近出现—CH_3和—CH_2—中 C—H 的不对称弯曲振动。在 1300cm^{-1}附近出现—CH_2—微弱的非平面内的变形振动。在 730 ~ 750cm^{-1}附近出现—$(CH_2)_2$—或—$(CH_2)_3$—在平面内的变形振动。1380 ~ 1365cm^{-1}附近为—CH_3中 C—H 的对称弯曲振动。

这些都是脂肪族类长链烷基的特征振动频率。且在 910 ~ 970cm^{-1}有吸收，查图谱知，在 960cm^{-1}和 940cm^{-1}附近有两个强度相当的吸收，是烷基三甲基型铵盐的 $(CH_3)_3N^+$的特征吸收。根据产品供应商的提供，该产品是含憎水基为单链全氟辛基的季铵盐碘化物，单个分子的分子量约 725.9。则可认定是烷基三甲基型。因此，该物质是全氟烷基三甲基铵盐碘化物。

因此该物质一端是 C_8F_{17}—，另一端是—$(CH_3)_3N^+$，中间是—$SO_2NH(CH_2)_3$—的不同组合，即 $C_8F_{17}SO_2NH(CH_2)_3(CH_3)_3NI$，可能的结构式之一如图 6 – 7 所示。

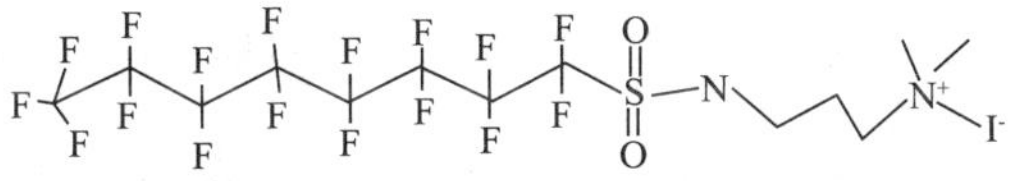

图 6 – 7　FW – 134 的分子结构

6.3　氟化物界面吸附表征

表面活性剂的界面吸附行为研究是胶体与界面化学中一个重要领域，核磁共振（NMR）、热量测定、表面力测量等实验方法已被应用于研究表面活性剂在界面的吸附行为，由于实验条件的限制，对表面活性剂在界面吸附后的表面形貌观察很少涉及。近年来原子力显微镜（atomic force microscope，AFM）的出现为表面活性剂在界面的吸附形貌观察提供了强大的技术支持，使其研究有了飞速的发展。由于岩石表面较为粗糙，难以直接观察到表面活性剂分子在岩石表面的吸附形貌，不利于分析其吸附特征，因此，我们利用原子力显微镜观察氟化物 FW－134 在单一矿物——云母表面的吸附形貌，分析氟化物在矿物表面的吸附特征。

云母是一种天然的层状矿物，具有很好的绝缘性和导热性，化学性质稳定，能十分方便地解理而得到清洁的表面，同时由于其解理面上的原子排列为特征六方环，常被用来检测 AFM 的性能。此外，云母解理面的缺陷少，容易得到较大的平整范围，因此也是 AFM 研究吸附样品时最常用的基底。

6.3.1 实验用品

①多功能扫描探针显微镜（俗称原子力显微镜，简称 AFM）：型号 MMAFMLN，系列号：1728EX，厂商：Veeco Metrology，Inc.（维易科精密仪器国际贸易（上海）有限公司）；②传感器/探针：型号 FESP，硅质材料；③氟化物 FW－134 溶液；④新鲜云母。

6.3.2 原子力显微镜工作原理

原子力显微镜 AFM，源于扫描隧道显微镜的扫描探针显微镜，是一种具有原子分辨率（横向分辨率可达 0.1～0.2nm，纵向分辨率达 0.01nm）的表面形貌、电磁性能分析的重要仪器。其装置图及工作原理见图 6－8 和图 6－9。

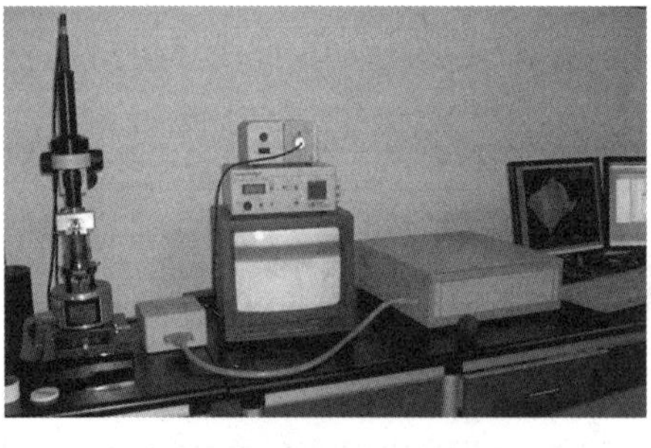

图 6－8　原子力显微镜装置

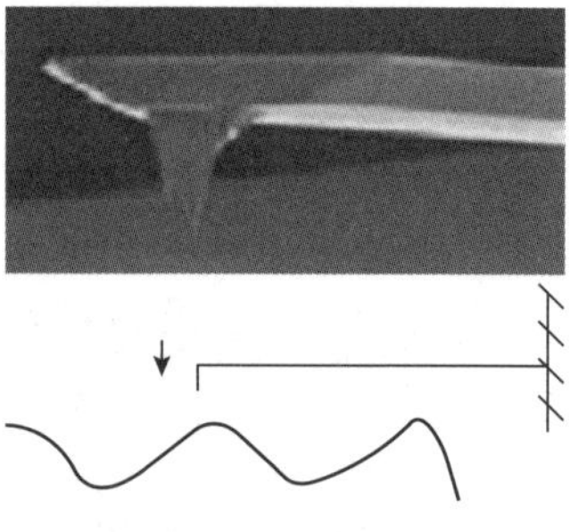

图 6－9　探针及其工作原理

样品表面形貌的变化表现为微悬臂的弯曲变形，利用探针针尖与样品之间的相互作用力实现样品表面成像。微悬臂通常由一个一般 100～500μm 长和大约

500nm ~ 5μm 厚的硅片或氮化硅片制成。典型的硅微悬臂大约长 100μm、宽 10μm、厚几微米，探针针尖半径为纳米级。原子力显微镜的操作模式有接触式、非接触式、轻敲式三种，作用模式有恒力、恒高等。接触模式的原子力显微镜工作时，针尖与样品表面之间的相互作用力会导致悬臂在垂直与水平方向都发生形变，激光位置探测器通过接收激光束在悬臂尖端的反射而获得悬臂的形变信号。垂直方向上的形变信号反映样品表面的高度即形貌变化，而悬臂在水平方向的形变信号，即悬臂的扭转弯曲程度反映的则是表面摩擦特性的变化，与形貌关系不大。非接触模式探测试样时，悬臂距试样表面上 5 ~ 10nm，样品与针尖间仅有范德华引力，得到样品表面垂直方向的资料，即表面形貌，但解析度低，无摩擦特性的表征。轻敲模式介于接触式和非接触式之间，原理与非接触式类似，但其微悬臂的振幅远大于非接触式时的振幅，且每隔一个振动周期，探针与样品表面接触一次，解析度较高。

原理：通过一个一端固定、另一端装有硅质探针的弹性微悬臂检测样品表面形貌及性质。当探针针尖在纵向（Z 向）逼近样品表面时，在保持较小的常数力及扫描范围内，探针从样品的一端扫到另一端，针尖 - 样品间相互作用力引起微悬臂发生形变，通过检测其形变得到样品的信息。力大小约在 $10^{-8} \sim 10^{-6}$N 之间，与样品的表面起伏有关，从而可间接表征样品的表面形貌和表面结构。

6.3.3 实验方法

6.3.3.1 样品制备

岩石表面的原子力显微镜表征如图 6 - 10 ~ 图 6 - 12 所示，可见，岩石表面粗糙度相对于表面活性剂分子尺度要大得多，所以很难从形貌图上鉴别。云母的化学成分与岩石中矿物接近，且表面粗糙度低，是观察大分子物质表面吸附的理想材料，因此采用新鲜解离的云母片。用双面胶将剥离后平整的云母片（天然产，1 cm × 1 cm，厚度 < 2mm）固定于 AFM 实验用的样品台上，先利用原子力显微镜扫描干净的云母表面，得到云母表面形貌图，再将事先准备好的 0.2% FW - 134水溶液滴在云母片上，使其作用约 10 min，用蒸馏水清洗，除去杂质或物理吸附的表面活性剂分子，再用氮气（或冷风）吹干，即得表面活性物质被云母吸附后用于 AFM 测试的表面。

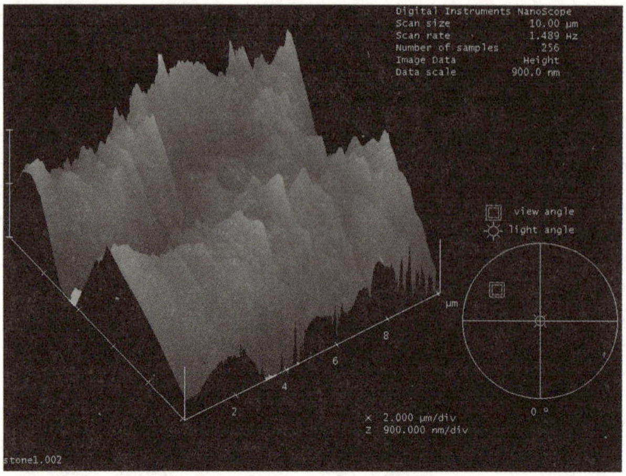

图6-10　致密砂岩岩石表面原子力显微镜三维形貌图

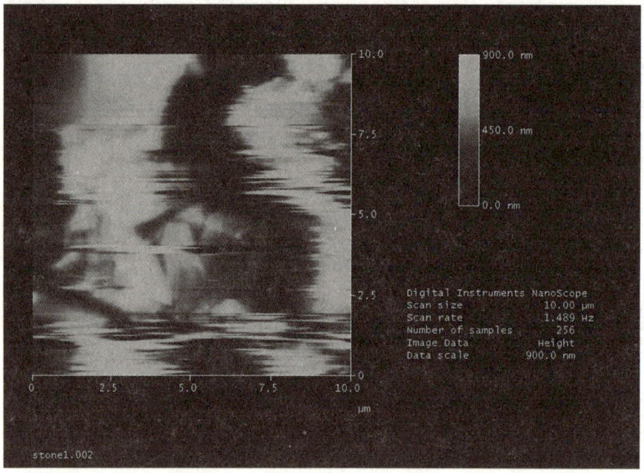

图6-11　致密砂岩岩石表面原子力显微镜表征高度图

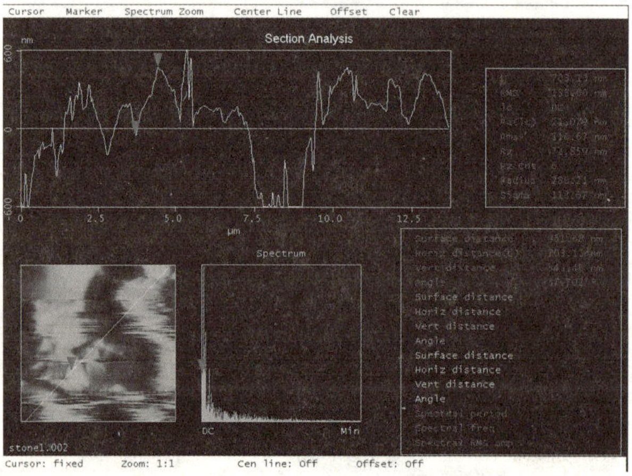

图6-12　致密砂岩岩石表面原子力显微镜形貌表征剖面图

6.3.3.2 原子力显微镜测试

在室温 22～25℃下（由于微悬臂对温度敏感，保持室内恒温），对样品进行表面吸附形貌测试。针尖的扫描速度 1.489Hz，扫描面积（范围）10μm×10μm，轻敲模式。

6.3.4 吸附形貌表征

图 6－13 和图 6－14 分别是不同区域云母片上的 AMF 扫描时的三维图、高度图和截面剖面图。图中颜色深的地方为凹陷，颜色亮的地方为突起。从 AFM 测试可以看出，被 FW－134 改性后的云母表面存在长条形、纤维状的大小不均的颗粒或块状团聚现象（大量的分子聚集体），这是由其自身的带电性所决定的，在固体表面吸附的同时分子的极性使其彼此结合吸附。但对于分子链短的表面活性剂来说，由于它不可能形成完整的网或膜，尤其在不均匀的表面（云母表面缺陷处的过剩电荷影响表面活性剂的吸附行为），聚集是正常现象。不同点上的吸附形态不同，在云母表面存在明显缺陷的地方吸附量大，排列密集，这是突出的表面缺陷或分子作用导致了部分物理吸附、清洗不彻底，使得分子聚集。颗粒直径平均分布在 200nm，最大颗粒直径为 800nm（极少部分），*Z* 方向上吸附层的平均高度为 10～20nm，最大高度可达 60nm，这是物理吸附所致。FW－134 分子在云母表面上吸附，使得缺陷面积减少，尽管聚集体的高度各异（表面粗糙度增大）；在 10μm×10μm 的范围内覆盖面积可达 25%。但由于针尖的展宽效应（凸起形貌放大，凹陷部分缩小），形状也被放大了，实际的覆盖面积小。剖面图中的曲线反映了表面吸附体变化和聚集体间的空隙组成，颗粒间呈现出不规则微/纳结构，表面粗糙度明显增大。

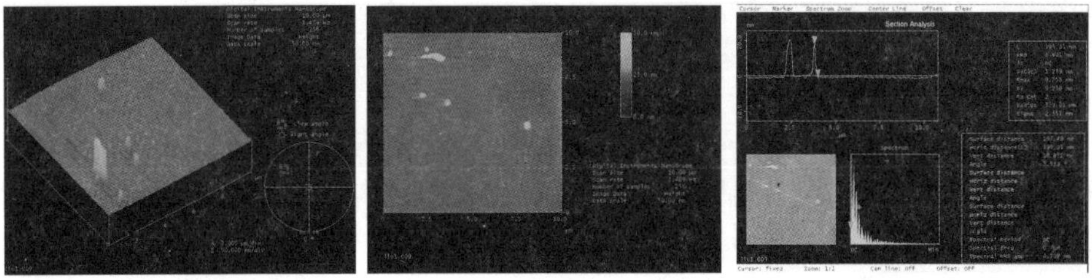

(a)三维形貌图　　(b)高度图　　(c)截面剖面图

图 6－13　局部相对平整的云母表面吸附 FW－134 的原子力显微镜形貌图

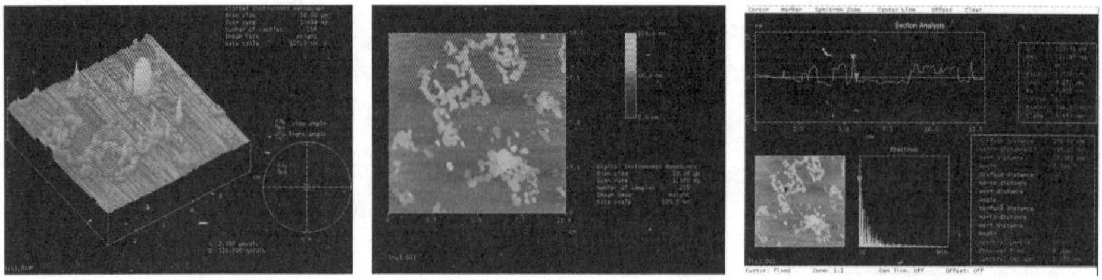

(a)三维形貌图　(b)高度图　(c)截面剖面图

图 6-14　局部相对粗糙的云母表面吸附 FW-134 的原子力显微镜形貌图

表面活性剂的吸附并没有形成致密层，而是有规律的分布，岩石润湿性的反转是宏观表现。毛逢银认为碳链越长越易吸附，层状聚集（覆盖率）更充分，而且碳链长者在溶液浓度相对低时具有更大的吸附量。

6.4　氟化物界面修饰机理探讨

6.4.1　基于润湿性反转的界面修饰

矿物表面的润湿性决定了油水在岩石孔道中的微观分布及残余油在孔隙中的存在方式，同时决定了孔道中毛管压力的大小和方向，储层中微粒的润湿性影响着微粒的运移方式。由毛管压力计算公式可知，界面作用不仅与界面张力有关，还与岩石润湿特性密切相关。传统认为低界面张力是使毛管压力降低的关键，然而实验表明，高润湿角或润湿性改变也能达到很低的毛管压力。改变界面张力并不意味着润湿性改变，润湿反转是固体表面在活性物质作用下润湿性发生转变的现象。润湿性是油气储层岩石的重要参数，影响毛管压力、相对渗透率、初始含水饱和度、残余油饱和度、电性等，也严重影响储层岩石的毛管自吸行为，决定了油、气、水在储层中的分布，对油、气开采具有重要影响。

在低渗透油气藏中，孔道半径小于 1μm 的孔道所占比例大，边界层影响显著，在流动过程中出现启动压力梯度。启动压力梯度与渗透率成反比，渗透率越低，启动压力梯度越大，而使油/气被圈闭，导致低渗—致密储层中出现油/气相有效渗透率降低，使用表面活性剂改变储层润湿性可提高相对渗透率。中间润湿和弱水润湿岩样的水驱油效率较强水润湿或油润湿岩样的都高，即中间润湿或混合润湿是最有利的。

Penny 等在气井压裂处理时加入一种化学剂，降低了毛管压力从而提高了水的回收率，得到了室内实验及现场数据的支持。俄罗斯油田（1988）对井底油层段进行憎水处理，通过注入憎水剂改变井底附近孔隙介质的润湿性，提高含油饱和度，改善了油气流入井的条件。Li 和 Firoozabadi（1998）提出气润湿的概念。将油润湿或水润湿岩样用研制的化学处理剂处理后进行自吸实验，岩样基本不发生油/水相毛管自吸，并率先使用氟化物处理贝雷岩心和白垩系岩心改变润湿性，处理后的接触角和自吸实验结果有显著变化。润湿性由液润湿转变为气润湿，提高了相对渗透率。Tang 和 Firoozabadi（2002）研究表明，利用氟化物改变岩石润湿性后，液相的流动能力增强了，但受限于实验温度 90℃。Fahes 和 Firoozabadi（2005）研究了使用新型含氟处理剂在高温 140℃下改变砂岩岩心润湿性，指出润湿性改变对液相流动能力的提高有实质影响，能使气体产能提高。以上研究都是针对油/水体系进行的，利用润湿反转的气驱水锁清除（气/水体系）实验未见报道。Panga 等（2006）进行了气/水相自吸实验、接触角测定、毛管液相滞留实验，评价了三种常规表面活性剂、一种含氟聚合物和一种氟调聚物改变润湿性为气润湿、消除水锁的性能，表明含氟聚合物能改变润湿性，具有高温稳定性（126℃）且渗透率无明显降低，而三种表面活性剂在高温、长时间作用下表现出不稳定性，另外一种氟调聚物则导致岩心绝对渗透率降低约 50%。Liu 等（2006）发现一种具有热稳定性（170℃）的化学处理剂，可以将致密气藏岩心的润湿性改变为气润湿，提高气藏的采收率，同时发现束缚水饱和度也降低了。Kumar 等（2006）使用贝雷砂岩岩心和人工配置的凝析流体，在甲醇 - 水的混合液中对各种表面活性剂进行评价，经化学处理后气相渗透率增加了 2 ~ 3 倍。Adibhatla（2006）测试了氟硅烷、OSA（油溶性胺）、WSA（水溶性胺）、阳离子表面活性剂（DTAB）、氟化表面活性剂（Forafac）和氟化聚合物（FluoroPel）对砂岩和碳酸盐岩表面润湿性的影响，结果表明，在氟硅烷中，随氟基团的增加，岩石水润湿性降低；OSA 表面活性剂不能改变云母的润湿性。WSA、DTAB 和 Forafac 可以改变云母的润湿性，但不能改变方解石的润湿性。吴非和狄勤丰等（2008）实验验证了疏水纳米 SiO_2 可以改变岩石润湿性、降低水在岩心中的流动阻力，改善油气流入井的条件，提高低渗透油藏注水能力。笔者也利用氟化物开展了接触角实验、毛管自吸和液相滞留实验（2009），结果表明氟化物具有较好的疏水疏油性和耐温性，处理后岩心总吸水量降低了60%，自吸速率降低了40%～50%，驱替速率约是处理前的2倍，氟化物能够有效改变岩样润湿性，具有预防水相圈闭损害的应用潜力。

凝析气藏开发过程中，由于储层压力降低，井筒附近或裂缝面会有凝析液体产生，没有达到可流动的饱和度则形成凝析液锁，可导致产量减低40%～80%，实验室测得的低毛管束下岩心渗透率可下降95%以上，化学方法润湿反转被认为是恢复凝析气井产量的关键技术。Zhichu Bi 等（2005）认为驱替相水溶液与储层界面的润湿性对提高采收率起着重要作用，水溶液中的表面活性剂可吸附在矿物表面，改变界面润湿性，油膜被破坏最终形成连续油相被驱走。姚同玉等（2008）研究了阳离子表面活性剂在不同砂岩表面的吸附与吸附焓变，认为表面活性剂是通过润湿反转使油润湿表面转变为中性或水润湿表面，再通过自发渗吸作用驱替出孔隙内残余油，加速油滴聚并形成富油带，从而提高采收率。陈兰等（2008）讨论了OP系列非离子型表面活性剂在固体粉末的润湿性、表面张力与残酸返排率的关系，认为对返排起决定作用的是接触角：接触角越大，毛管阻力越小，返排率越高。Stanley Wu 和 Firoozabadi（2009）研究了矿化度和氟化物对润湿反转（水润湿向气润湿反转）的协同作用，认为盐会使水润湿增强，降低气相渗透率，与初始液相饱和度一样会对润湿反转有不利影响。

6.4.2 润湿反转机理研究现状

目前润湿反转机理研究还在进展中，大家看法不一。润湿性转变包括水润湿转变为油润湿、油润湿转变为水润湿等。理解润湿反转的机理有助于提高施工效率和合理选取适用于现场的表面活性剂类型。

6.4.2.1 原油有机组分改变润湿性

B Bennett（2004）认为原油中低分子量的亲水组分能穿透水膜改变矿物表面润湿性，使高分子量的分子与矿物表面接触，使表面由水润湿转变为油润湿。

Kumar 等（2008）用原子力显微镜研究了裂缝性油润湿碳酸盐岩的润湿性，结果表明沥青质的吸附控制了润湿性，并推测阴离子表面活性剂吸附有机组分的胶束增溶作用使润湿性发生反转。

6.4.2.2 表面活性剂改变润湿性

Austad 等（1997）推测阳离子表面活性剂利用离子配对吸附在油润湿表面的极性组分上。Standnes 和 Austad（2000）认为阳离子表面活性剂比阴离子表面活性剂更易改变碳酸盐岩的润湿性，阳离子通过吸附岩石表面的有机质，使表面更倾向水润湿。Y Wu 等（2006）认为利用表面活性剂改变碳酸盐岩润湿性由油润湿到水润湿是提高采收率的方法之一，润湿反转作用使水相自吸入基块中并将油排出。他们将不同的环烷酸溶解在癸烷中并将其作为模拟油使方解石表面油润湿，结果表明润湿性的改变与环烷酸在表面上的吸附无关而主要取决于环烷酸的分子结构。阳离子型表面活性剂和非离子型表面活性剂均能较好地改变润湿性，而阴离子效果较差，润湿反转作用后可以获得较高的采收率，但此时溶液的 IFT 值较高；若使岩石由油润湿变为水润湿，即使在高的界面张力下仍能获得较高的采收率。但 J Sheng 等认为，在碳酸盐岩中，润湿性反转（由油润湿变为水润湿）提高采收率的作用只发生在高界面张力下，低界面张力时几乎无提高采收率的作用，且在初期有效。阳离子表面活性剂与水溶液中离解的环烷酸阴离子形成离子对可驱除表面的吸附质，使碳酸盐岩表面水润湿；而阴离子和非离子表面活性剂的润湿反转机理是表面活性剂吸附在碳酸盐岩表面，形成双层吸附，使极性基伸向溶液中，其亲水基就形成了亲水的表面，故阴离子表面活性剂改变润湿性的效果是暂时的。Jieyuan Zhang 等（2008）认为表面活性剂通过增溶作用或乳化作用加强自吸采油，并称这一过程为乳状液作用下的自吸，形成的微乳液或乳状液和浮力是油流动的主要原因，润湿反转是后继效应。

Salehi 等人研究了碳酸盐岩中表面活性剂使其润湿性由油润湿变为水润湿的机理（图 6-15），认为表面活性剂与岩石表面吸附的原油组分相互作用，形成离子对或吸附于原油组分之上是润湿反转的两个主要机理，其中离子对的形成是主要因素，且表面活性剂分子中头基（离子部分）的数量越多越有助于促进润湿性反转，水润湿有助于提高原油采收率。Omolbanin Seiedi 等（2011）借助于原子力显微镜和接触角测量手段，分析了不同表面活性剂处理后的云母（最初在原油中浸泡为油润湿）表面润湿性反转过程与机理，认为非离子表面活性剂是利用表面清洁作用使云母表面更易水润湿，而阳离子表面活性剂是依靠分子吸附（疏水作用和分散力）使表面更易油润湿（疏水）。

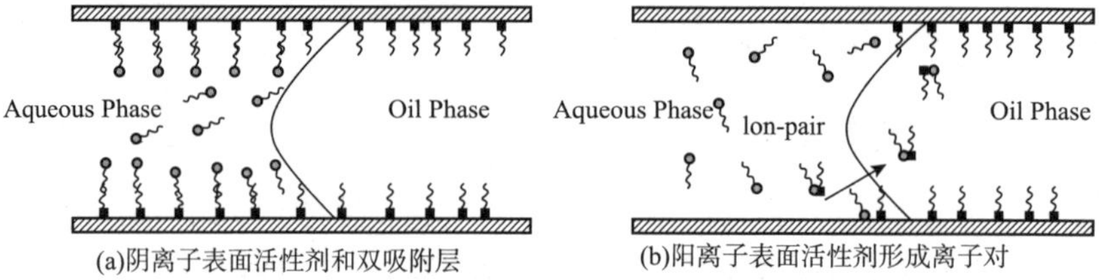

图 6－15　润湿反转机理示意图（据 M Salehi，2008）
方框为原油中的有机阴离子组分，圆圈表示阳离子表面活性剂分子

6.4.2.3　其他因素对润湿性的影响

Gupta 和 Mohanty（2008）研究了盐度、表面活性剂浓度、电解质浓度和温度对润湿反转的影响，指出对阴离子表面活性剂改变润湿性来说，存在最佳的盐度和表面活性剂浓度，高温下二价阳离子可改变碳酸盐岩润湿性。认为表面活性剂和电解质的稀溶液能改变裂缝性油润湿碳酸盐岩储层的润湿性可解释为表面活性剂和电解质间的静电作用。在低矿化度下表面活性剂分子处在水相中而高矿化度下移向油相，但在中等矿化度下表面活性剂分子在油水两相中的量相当，此时表面活性剂的量最多。并指出接触角变小（润湿反转）的可能原因：①油水界面的表面活性剂使吸附在方解石上的环已酸增溶；②胶束头头基间距在高矿化度下太小，表面活性剂增溶吸附酸的能力随矿化度增大而减小。R Gomari 及 K A（2009）通过不同方法描述了碳酸盐岩储层的润湿反转机理，认为 pH 值和温度影响界面张力、水膜的稳定性；离解酸、表面钙离子和碳酸根离子控制了酸在表面上的吸附和润湿反转作用。

为加强室内实验与现场应用的结合，很多学者利用软件或模型模拟润湿反转，从实验室尺度扩大到现场试验尺度，深化对润湿反转机理的认识，降低现场试验风险。

6.4.3　氟化物界面修饰改善流体渗流能力机理

含水饱和度的增加会使气相相对渗透率急剧降低（图 6－16），毛管压力下的水相自吸及滞留是重要原因之一。储层渗透率越低毛管压力越高，水相圈闭越强，水相在这类储层中的渗流能力越差，气体渗透率的损害越严重。下面将结合前述实验结果和界面形貌结构表征，计算固体表面能和固—液吸附黏结力，分析氟化物界面吸附对岩石中流体渗流能力影响机理。

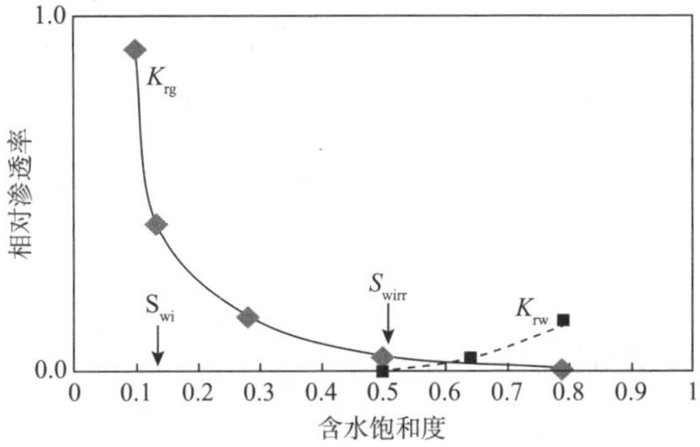

图 6－16　相对渗透率曲线示意图

6.4.3.1　重构表面形貌

固体（矿物）表面原子与内部原子所处的环境不同，前者周围缺少相邻的原子，有许多悬空键，具有不饱和性质，使表面极不稳定，表现出很高的化学活性，易与其他原子结合。按照界面理论，处于力场不对称的环境中的岩石颗粒表面层，表面的不饱和状态会促使其结构进行某些调整或表面重构，从周围介质中捕获其他物质的粒子，使其不平衡的力场得到一定程度的补偿。

由前述分析可知，断裂的硅酸盐表面上存在氢键或面上含有 O^{2-} 和 OH^- 或其他离子键；且岩石的表面常处于羟基化状态，在水溶液作用下，羟基解离或选择性吸附离子使表面带负电荷，或者黏土表面由于离子交换作用在水中形成扩散双电层，使表面荷负电，表面亲水，故阳离子表面活性剂可覆盖在负电荷区使矿物表面疏水。本书中涉及的 FW－134 是季铵盐型阳离子含氟化物，其性能基本不受 pH 影响。岩石表面羟基化和表面负电性使得极性原子（S、O、N、F 等，易与 H 原子形成氢键）或极性基团（阳离子等）易在这类极性表面强烈吸附。砂岩表面矿物与氟化物 FW－134 的作用可见示意图 6－17。

学者姚同玉认为表面活性剂在固/液界面上的吸附有两个过程：首先，个别表面活性剂分子或离子通过静电、氢键、范德华力等极性作用与固体表面直接作用而吸附；其次，溶液中表面活性剂分子与已吸附在固体表面的表面活性剂分子或离子通过静电或氢键形成表面胶团。因此，表面活性剂在固/液界面的吸附而形成的吸附层由吸附单体、胶团和表面空位组成（图 6－18），这个简化与我们

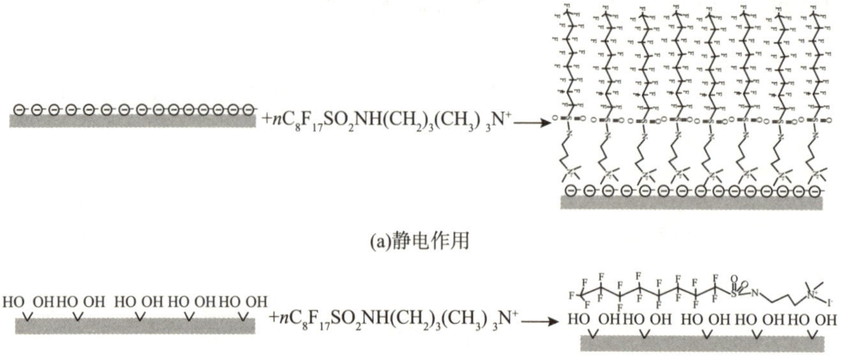

(a)静电作用

(b)氢键作用

图 6－17　岩石表面上氟化物作用示意图

利用原子力显微镜观察到的吸附后的云母表面特征是相符的，也符合 Cassie 和 Wenzel 提出的疏水模型，即周期性沟槽疏水表面（图 6－19）。这种结构具有较大的比表面积，表面台阶和粗糙度增加，吸附颗粒的尺寸在微－纳米之间。

图 6－18　吸附层结构简化图

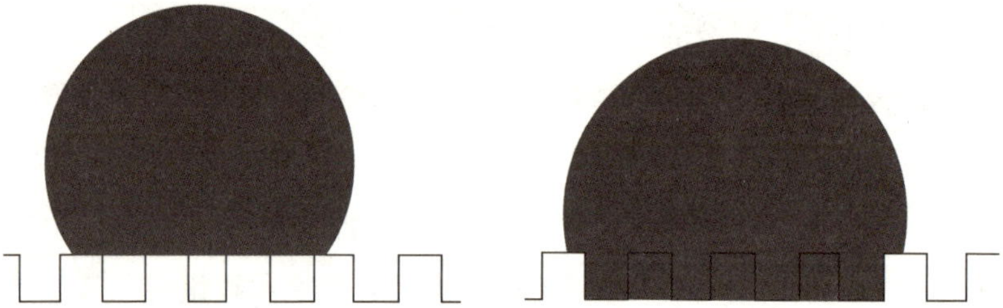

(a)　(b)

图 6－19　Cassie（a）和 Wenzel（b）疏水模型示意图

该种结构提高了微突起的空气垫面积，进一步增强了微突起表面的拒水能力。低表面能及微构造使得表面获得了极高的接触角，限制了液滴在表面的铺展，使得表面与液滴的接触面积减少，作用力也较弱。独立、非连续的柱状排列有利于获得疏水结构，且其动态前进、后退角差异较小，几乎无黏滞现象，有利于液滴迅速脱离表面，液/气相很容易被带走，表现为润湿性由水湿变为非水湿。故有利于降低毛管压力和含水饱和度、提高气相渗流能力。

6.4.3.2 降低固体表面能

由于氟化物分子中 C—C 主链被氟原子包裹，且氟电负性极强，矿物表层氟元素的富集将会使表面能降低，为固体表面提供疏水条件，从而降低毛管压力甚至改变毛管压力作用方向，抑制水相毛管自吸，降低岩心中含水饱和度。

Girifalco（1957）在研究固体表面能量时利用了接触角法，其表达式如下：

$$\cos\theta = -1 + 2\varphi\sqrt{\frac{\gamma_s}{\gamma_l}} \tag{6-2}$$

式中 θ——水—岩石接触角，(°)；

φ——修正因子，其值与分子大小和分子间相互作用力有关，随体系组成而定，介于 0.5 ~ 1.5，极性作用越强 φ 值越大，对于全氟烷基组分与水构成的体系，$\varphi \approx 0.5$，对于部分表面呈极性的矿物与水构成的体系，$\varphi \approx 1.0$；

γ_l——液体的表面张力，mN/m；

γ_s——固体的表面能，mJ/m^2。

本章为了定量地分析修饰前后固体表面的表面能，采用接触角法对疏水表面进行表面能测试。

根据此式（6 -2），利用已知表面张力值 γ_l 的液体，测得与固体表面的接触角 θ，并在已知修正因子 φ 值的情况下，就可以求得固体的表面能 γ_s。

本书中，除了接触角和表面张力测试实验外，后续实验氟化物浓度都是 0.1%。无氟化物作用时的 θ 取 20°（水润湿）、表面张力取 71.8mN/m、$\varphi = 1$；氟化物作用后的接触角 θ 取氟化物浓度为 0.1% 时的值，平均取值为 105.1°；γ_l 取氟化物浓度为 0.1% 时的表面张力，平均取值 22.4mN/m；$\varphi = 0.5$。

通过式（6 -2）计算得到，氟化物修饰前后固体表面的表面能分别为 $\gamma_s \approx$ 67.54mJ/m^2 和 $\gamma_s \approx$ 12.25mJ/m^2，可见修饰后岩石表面能低得多。

从分子结构和原子排列的角度分析，在以碳为骨架的材料中，氟碳键能最高（460.2 kJ/mol），极化率最低，由于氟原子的电负性最大，—CF_3 及—CF_2—的存在，将增大与其相连的碳原子间的斥力，使得碳碳主轴作螺旋排列且被 F 原子完全包裹，表层氟元素富集，从而导致表面能迅速降低，而且氟碳骨架暴露在表面，给表面提供了疏水性。

6.4.3.3 降低固—液吸附黏结力

固体表面对液体的滞留能力还体现在固体对液体的吸附黏结力上。固—液吸附黏结力 F_{s-1} 的大小与液体的表面张力 γ_l 及固—液接触角 θ 有关，如下式(6－3)：

$$F_{s-1} = \gamma_1 (1 + \cos\theta) \tag{6-3}$$

式中 F_{s-1}——固—液吸附黏结力，mN/m；

γ_1——液体的表面张力，mN/m；

θ——水—岩石接触角，(°)。

根据前述固—液接触角及液体表面张力测试实验结果，假设无氟化物作用的固体表面水相接触角为20°，得到固—液吸附黏结力随氟化物浓度变化曲线（图6－20）。可见，氟化物作用后的固体表面对水相的黏结力显著下降，固相对水相黏结力的降低使水相不再轻易受固体表面束缚，流动性能增强，从而有利于水相返排（水相返排率提高），降低岩石中的含水饱和度、提高气相渗透率恢复率。

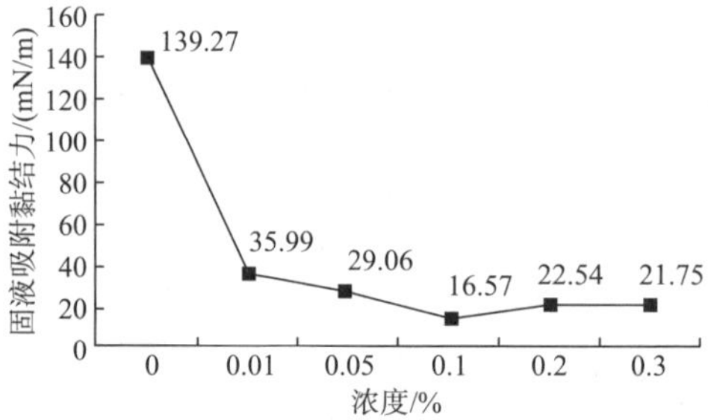

图6－20　氟化物对固—液吸附黏结力的影响

综上所述，矿物表面润湿性由水润湿转变为中间润湿（或油润湿）是使毛管压力降低、促进液相返排的根本原因。由于该疏水表面主要是由 F—C 组成，氟化物高的表面活性、耐高温或恶劣环境下的稳定性，使得该氟化物使用浓度仅为0.1%，即可达到低的表面张力和高润湿接触角，且具有良好的抗温（氟化物可耐温300℃）、抗盐性。

参考文献

[1] 罗蛰潭，王允诚．油气储集层的孔隙结构［M］．北京：科学出版社，1986.

[2] 孙树强．保护油气层技术［M］．东营：中国石油大学出版社，2005.

[3] 李健，吴智勇，曾大乾，等．深层致密砂岩气藏勘探开发技术［M］．北京：石油工业出版社，2002.

[4] 张杰，金之钧，张金川．中国非常规油气资源潜力及分布［J］．当代石油石化，2004，12（10）：17～19.

[5] 李克向等．保护油气层钻井完井技术［M］．北京：石油工业出版社，1993.

[6] 董云龙．低渗透资源将是中国未来油气发展的主流．http://news.cnpc.com.cn/system/2009/03/26/001230359.shtm.l 2009－03－31.

[7] 张志强，郑军卫．低渗透油气资源勘探开发技术进展［J］．地球科学进展，2009，24（8）：854～864.

[8] 汪凯明．我国非常规油气资源勘探开发前景［J］．国外测井技术，2009，(3)：7～11.

[9] 关德师．中国非常规油气地质［M］．北京：石油工业出版社，1995：12～40.

[10] Holditch S A. Tight Gas Sand［J］．JPT，2006：84～90.

[11] 杨晓宁．致密砂岩的形成机制及其地质意义——以塔里木盆地英南2井为例［J］．海相油气地质．2005，10（1）：31～36.

[12] 刘吉余，马志欣，孙淑艳．致密含气砂岩研究现状及发展展望．天然气地球科学，2008，19（3）：316～319.

[13] 李志刚，乌效鸣，郝蜀民，等．储层屏蔽暂堵钻井完井液技术研究及应用［J］．天然气工业，2005，25（3）：74～78.

[14] 杨建．致密砂岩气藏纳微观尺度传质行为及多尺度配置关系研究［D］．成都：西南石油大学，2008.

[15] BENNION D B，THOMAS F B，IMER D，et al. Low permeability gas reservoirs and formation damage-tricks and traps［Z］．SPE 59753，2000.

[16] 周光勇，熊汉桥，周成华．保护储层的钻井液研究技术研究现状［J］．西部探矿工程，2009（2）：38～41.

[17] 戴强，段永刚，陈伟，等．低渗透气藏渗流研究现状［J］．特种油气藏，2007，14（1）：11～14.

[18] 黄珠珠，蒲晓林，董学成．关于储层保护的钻井液技术［J］．化工时刊，2008，l22（7）：65～68.

[19] 樊世忠，何纶．国内外油气层保护技术的新进展（Ⅰ）—钻井完井液体系［J］．石油钻探技术，2005，33（1）：1～5.

[20] 杨贤友．保护油气层钻井完井液现状与发展趋势［J］．钻井液与完井液，2000，17（1）：25～30.

[21] D B Bennion，F B Thomas，T Ma. Formation Damage Processes Reducing Productivity of Low Permeability Gas Reservoirs［C］．SPE 60325，2000.

[22] Li K，Firoozabadi A. Experimental Study of Wettability Alteration to Preferential Gas-Wetting in Porous Media and Its Effects［J］．Reservoir Eval & Eng，2000，3（2）：139～149.

[23] 游利军．致密砂岩气层水相圈闭损害机理及应用研究［D］．成都：西南石油大学，2004：40～41.

[24] Parekh B，Sharma M M. Cleanup of Water Blocks in Depleted Low-Permeability Reservoirs. SPE 89837，presented at the Annual Technical Conference and Exhibition，2004，26～29.

[25] 贺承祖，华明琪．水锁效应研究［J］．钻井液与完井液，1996，13（6）：13～15.

[26] 廖锐全，徐永高，胡雪滨．水锁效应对低渗透储层的损害及抑制和解除方法［J］．天然气工业，2002，22（6）：87～89.

[27] Penny G S，Conway M W，Briscoe J E. Enhanced Load Water-Recovery Technique Improves Stimulation Results［C］．SPE12149，at the Annual Technical Conference and Exhibition，San Francisco，California，October 5～8，1983.

[28] Mahadevan J，Shamar M M. Factors Affecting Cleanup of Waterblocks：A Laboratory Investigation［J］．SPEJ，2005，10（3）：238～246.

[29] Keelan，D K. Rock Properties and Their Effect on Gas Flow and Recovery［C］．Presented at the 22nd annual southwestern petroleum short course，Texas University，Lubbock，Texas，April 17～18，1975.

[30] S A Holditch. Factors Affecting Water Blocking and Gas Flow from Hydraulically Fractured Gas Wells［J］．JPT，1979：1515～1524.

[31] 游利军．致密砂岩气层水相圈闭损害动力学研究．成都：西南石油大学，2005：62，101～104.

[32] D B Bennion，F B Thoms，E C Crowell，et al. Applications for Tracers in Reservoir Conformance Predictions and Initial Saturation Determinations［C］．Annual International Conference on Reservoir Conformance Profile Control Water & Gas Shutoff，Houston，Texas，August 21～23，1995.

[33] 狄勤丰，顾春元，施利毅，等．疏水性纳米 SiO_2 增注剂的降压作用机理［J］．钻采工艺，2007，30（4）：91～94.

[34] 吴非，狄勤丰，顾春元，等．疏水纳米 SiO_2 降低岩心流动阻力效果的室内实验研究 [J]．钻采工艺，2008，31（2）：102～103/112.

[35] 狄勤丰，沈琛，王掌洪，等．纳米吸附法降低岩石微孔道水流阻力的实验研究 [J]．石油学报，2009，30（1）：125～128.

[36] 曹绍梅，张大卫，施利毅，等．纳米增注微乳液微观分散性研究 [J]．功能材料，2010，12（41）：2210～2212.

[37] BENNETT B，BUCKMAN J O，BOWLER B F J，et al. Wettability alteration in petroleum systems：the role of polar non-hydrocarbons [J]. Pet Geoscience，2004，10（3）：271～277.

[38] KUMAR K，DAO E K，MOHANTY K K. Atomic force microscopy study of wettability alteration of surfactants [Z]. SPE 93009，2005.

[39] AUSTAD T，MILTER J. Spontaneous imbibition of water into low permeable chalk at different wettabilities using surfactants [Z]. SPE 37236，1997.

[40] STANDNES D C，AUSTAD T. Wettability alteration in chalk：2. Mechanism for wettability alteration from oil-wet to water-wet using surfactants [J]. J Pet Sci Eng，2000，28（3）：123～143.

[41] 鄢捷年，王富华．表面活性剂吸附引起的硅石润湿性改变 [J]．油田化学，1993，10（3）：195～200.

[42] LI Jingquan，WANG Wei，GU Yongan. Dynamic interfacial tension phenomenon and wettability alteration of crude oil-rock-alkaline-surfactant solution systems [Z]. SPE 90207，2004.

[43] WU Yongfu，SHULER P J，BLANCO M，et al. A study of wetting behavior and surfactant EOR in carbonates with model compounds [Z]. SPE 99612，2006.

[44] GUPTA R，MOHANTY K K. Wettability alteration of fractured carbonate reservoirs [Z]. SPE 113407，2008.

[45] GOMARI K A R. Different approaches to understand mechanism of wettability alteration of carbonate reservoirs [Z]. SPE 121952，2009.

[46] WU Stanley，FIROOZABADI A. Effect of salinity on wettability alteration of porous media from liquid wetting to intermediate gas wetting [Z]. SPE 121724，2009.

[47] 赵福麟．表面活性剂在油田中的应用 [J]．日用化学品科学，1999（sl）：10～13.

[48] 樊世忠，窦红梅．保护油气层技术发展趋势 [J]．石油勘探与开发，2001，28（1）：78～84.

[49] 戴彩丽，张贵才，葛际江．油气层损害的机理及处理 [J]．钻采工艺，1998，21（3）：30～32.

[50] 崔迎春，张琰．钻井导致储层损害试验研究进展综述 [J]．天然气工业，2000，20

(2): 61~63.
[51] 崔迎春，刘媛，陈玉林，等. 裂缝性油气储层保护技术研究 [J]. 石油钻采工艺，2003，25 (6): 10~13.
[52] 张军，孟英峰，李皋，等. 裂缝—孔隙型双重介质储层保护技术研究与探讨 [J]. 天然气勘探与开发，2006，29 (3): 46~50.
[53] 刘大伟，康毅力，何键，等. 裂缝性碳酸盐岩油气层钻井完井保护技术 [J]. 南方油气，2005，18 (2): 64~68.
[54] 张振华，鄢捷年，李宗飞. 轮南古潜山碳酸盐裂缝性油气藏的水锁效应及影响因素研究 [J]. 特种油气藏，2000，7 (1): 32~34.
[55] 岳建君，景国安，孙中伟，等. 南阳凹陷保护油气层钻井完井液技术 [J]. 钻采工艺，2005，28 (1): 95~98.
[56] 张丁涌，赵磊，伊丕丽，等. 牛35块保护储层钻井完井液评价 [J]. 河南石油，2004，18 (4): 45~46.
[57] 尚万宁，张耀刚，李治，等. 气井储层水锁效应解除措施应用 [J]. 天然气工业，2008，28 (5): 89~90.
[58] 赵卫红. 欠平衡泡沫钻井技术 [J]. 天然气工业，1999，19 (5): 51~54.
[59] 吕宏茹，周亚贤，郭建华，等. 抗高温硬胶泡沫钻井液的研究与应用 [J]. 断块油气田，2008，15 (4): 112~114.
[60] 龙刚，王希勇，钟水清，等. 空气泡沫钻井技术在川东北 QX-2 的应用 [J]. 钻采工艺，2008，31 (4): 126~127，134.
[61] 刘保双，曹胜利，景暖. 国外无侵害钻井液技术 [J]. 钻井液与完井液，2005，22 (3): 62~65.
[62] N Bjorndalen, J M Alvarez, W E Jossy, et al. An Experimental Study of the Pore Blocking Mechanisms of Aphron Drilling Fluids using Micro-models [C]. SPE 121417, prepared at the SPE International Symposium on Oilfield Chemistry, Woodlands, Texas, USA, April 20~22, 2009.
[63] 齐静，李宝贵，张新文，等. 适用于油基钻井液的高效前置液的研究和应用 [J]. 钻井液与完井液，2008，25 (3): 49~51.
[64] 彭年穗. 气体泡沫排液中的起泡剂 [J]. 油田化学，1989，6 (1): 84~89.
[65] 李文魁，程智远. 保护储层的新型工作液配方的实验研究 [J]. 钻采工艺，2001，24 (1): 68~71.
[66] 丁详年，徐志刚，田宝金，等. MY-1 油层解堵剂的研制与现场试验 [J]. 油田化学，1989，6 (4): 290~294.

［67］吴景春，王朝霞，金振浩．含聚污水对表面活性剂界面张力影响及岩心降压效果［J］．大庆石油学院学报，2008，32（3）：22～24.
［68］蒋国华．泡沫压裂液初探［J］．油田化学，1989，6（3）：205～213.
［69］Z Chen，N Khaja，K L Valencia，et al. Formation Damage Induced by Fracture Fluids in Coal-bed Methane Reservoirs［C］．SPE 101127，prepared for presentation at the 2006 SPE Asia Pacific Oil & Gas Conference and Exhibition held in Adelaide，Australia，11～13 September，2006.
［70］Phillip C Harris，Anupom Sabhapondit. Chemistry Applied to Fracture Stimulation of Petroleum Wells［C］．SPE 120029，prepared for presentation at the 2009 SPE Middle East Oil and Gas Show and Conference held at Bahrain，Bahrain，15～18 March，2009.
［71］张劲，李林地，张士诚，等．一种伤害率极低的阴离子型 VES 压裂液的研制及其应用［J］．油田化学，2008，25（2）：122～125.
［72］罗跃，王志龙，张小平，等．裂缝孔隙型储层钻井完井保护技术［J］．河南石油，2000，14（2）：16～18.
［73］T J Ballard，R A Dawe. Wettability Alteration Induced by Oil-Based Drilling Fluid［C］．SPE 17160，at the Formation Damago Control Symposium held in Bakersfield，Cahlornia，February 8～9，1988.
［74］J L Menezes，J Yan，M M Sharma. The Mechanism of Wettability Alteration Due to Surfactants in Oil-Based Muds［C］．SPE 18460，at the International Symposium on Oilfield Chemistry in Houston，TX，February 6～10，1989.
［75］刘伟，董胜祥．浅谈钻井过程中油气层的损害与保护［J］．西部探矿工程，2001（1）：39～41.
［76］卢拥军．压裂液对储层的损害及其保护技术［J］．钻井液与完井液，1995，12（5）：36～43.
［77］张绍槐，罗平亚．保护储集层技术［M］．北京：石油工业出版社，1991，323～326.
［78］鄢捷年．油藏岩石润湿反转与储层损害［J］．油田化学，1991（4）：342～350.
［79］张逢玉，卢艳，韩建彬．表面活性剂及其复配体系在三次采油中的应用［J］．石油与天然气化工，1999：28（2）：130～132.
［80］陈洪．油气开采用表面活性剂的合成及性能研究［D］．成都：西南石油大学，2004：1～10.
［81］A Seethepalli，B Adibhatla，K K Mohanty. Wettability Alteration During Surfactant Flooding of Carbonate Reservoirs［C］．SPE 89423，prepared at the SPE/DOE Fourteenth Symposium on Improved Oil Recovery held in Tulsa，Oklahoma，USA，April 17～21，2004.

[82] Bragg J R, Gale W W, Canning J W. Loudon surfactant flood pilot-overview and update [C]. SPE 11505, prepared at the Middle East Oil Technical Conference of the Society of Petroleum Engineers Held in Manama, Mahrain, March 14～17, 1983.

[83] A R Duffield, R S Ramamurthy and J. R. Campanelli. Surfactant Enhanced Mobilization of Mineral Oil within Porous Media [J]. Water, Air, and Soil Pollution, 2003 (143): 111～122.

[84] Adibhatla B, Mohanty K K. Oil Recovery from Fractured Carbonates by Surfactant-aided Gravity Drainage: Laboratory Experiments and Mechanistic Simulations [C]. SPE 99773, presented at the SPE/DOE Symposium on Improved Oil Recovery, Tulsa, April 22～26, 2006.

[85] Gupta R, Mohanty K K. Temperature Effects on Surfactant-Aided Imbibition Into Fractured Carbonates [C]. SPE 110204, prepared for presentation at the 2007 SPE Annual Technical Conference and Exhibition held in Anaheim, California, USA, November 11～14, 2007.

[86] 崔文俊，彭朴．三种多组分磺酸盐在胜利油田强化采油中的应用 [J]. 油田化学，2008，25 (1): 17～22.

[87] 高明．低渗透油层提高采收率实验研究 [D]. 大庆：大庆石油学院，2005：3～5.

[88] [56] 编译：李蔚，乐建君，审校：乐建君．生物表面活性剂及其提高原油采收率 [J]. 美国专利 4522261，国外油田工程，1999：5～7.

[89] 周仲河．采油井表面活性剂吞吐与选择性堵水结合工艺及应用 [J]. 大庆石油学院学报，2008，32 (2): 36～40.

[90] 吕鑫，张健，姜伟．聚合物/表面活性剂二元复合驱研究进展 [J]. 西南石油大学学报，2008，30 (3): 127～130.

[91] 唐善彧，杨承志．用螯合剂抑制表面活性剂驱油过程中石油磺酸盐的沉淀损失 [J]. 油田化学，1989，6 (3): 237～242.

[92] 路勇，马彦龙，李 侠，等．注水开发油藏的储层保护技术 [J]. 内蒙古石油化工，2008 (7): 36～40.

[93] 肖汉忠，张荣军．注水开发中的储层保护技术 [J]. 内蒙古石油化工，2007 (8): 386～387.

[94] Lirio Quintero, Thomas A Jones, David E Clark, et al. Cases History Studies of Production Enhancement in Cased Hole Wells Using Microemulsion Fluids [C]. SPE 121926, at the European Formation Danmage Conference held in Scheveningen, The Nertherlands, May 27～29, 2009.

[95] 李克向．保护油气层概念与技术 [J]. 石油钻采工艺，2000，22 (5): 1～5.

[96] 周建平，任茂．欧彪，等．川西气液转换技术探索 [J]. 钻井液与完井液，2008，25 (3): 58～60.

[97] 苗锡庆，张进双，苏长明．气体钻井转换钻井液井壁稳定技术［J］．石油钻探技术，2008，36（3）：29～32.

[98] 陈志勇，陈春波，姚建华，等．保护储层的气液转换钻井完井液技术［J］．内蒙古石油化工，2008（19）：142～144.

[99] 杨永利．低渗透油藏水锁伤害机理及解水锁实验研究［J］．西南石油大学学报：自然科学版，2013，35（3）：137～141.

[100] 宋新旺，张立娟，曹绪龙，等．润湿性对油水渗流特性的影响［J］．油田化学，2008，25（4）：305～308.

[101] 姚同玉．油层润湿性反转及其对渗流过程的影响［D］．北京：中国科学院，2005.

[102] 李秀红，杨桦，陈喜田，等．润湿反转提高压裂液返排技术在吉林油田新 119 区块的应用［J］．钻采工艺，2004，27（6）：51～52.

[103] 薛玉志，刘宝锋，李公让，等．大牛地气田保护储层钻井完井液技术研究［J］．钻井液与完井液，2009，26（3）：5～8.

[104] Liu Y J，Zheng H W，Huang G X，et al. Production Enhancement in Gas-condensate Reservoirs by Altering Wettability to Gas Wetness：Field Application［C］．SPE 112750，presented at the SPE/DOE Symposium on Improved Oil Recovery，Tulsa，Oklahoma，USA，April 20～23，2008.

[105] 渠慧敏，罗杨，戴群，等．低渗透砂岩油藏分子膜增注性能和机理研究［J］．油田化学，2013，30（3）：354～357.

[106] Liu Xuefen，Yili Kang，Pingya Luo，et al. Wettability modification by fluoride and its application in aqueousphase trapping damage removal in tight sandstone reservoirs［J］．Journal of Petroleum Science and Engineering，2015，2015（133）：201～207.

[107] 刘卫东．低渗透油田润湿反转降压增注技术及应用［J］．辽宁工程技术大学学报：自然科学版，2009，28（s1）：146～149.

[108] 胡雪滨，李释然，吴华．聚硅纳米增注技术在江陵凹陷高盐敏感性油藏中的运用［J］．石油天然气学报，2012，34（7）：129～131.

[109] DELAVARMOGHADDAM A，MIRHAJ S A，ZITHA P L J. Gas condensate productivity improvement by chemical wettability alteration［Z］．SPE 122225，2009.

[110] ZHANG Jieyuan，NGUYEN Q P，FLAATEN A K，et al. Mechanisms of enhanced natural imbibition with novel chemicals［Z］．SPE 113453，2008.

[111] TANG Guoqing，FIROOZABADI A. Relative permeability modification in gas/liquid systems through wettability alteration to intermediate gas wetting［J］．SPE Reservoir Eval Eng，2002，5（6）：427～436.

[112] FASHES M, FIROOZABADI A. Wettability alteration to intermediat gas/condensate reservoirs at high temperatures [Z]. SPE 96184, 2007.

[113] PANGA M K R, OOI Y S, KOH P L, et al. Wettability alteration for water block prevention in high temperature gas wells [Z]. SPE 100182, 2006.

[114] LIU Yijiang, ZHENG Hongwen, HUANG Guixiong, et al. Improving production in gas/condensate reservoirs by wettability alteration to gas wetness [Z]. SPE 99739, 2006.

[115] KUMAR V, POPE G A, SHARMA M M. Improving the gas and condensate relative permeability using chemical treatments [Z]. SPE 100529, 2006.

[116] 刘雪芬，康毅力，游利军，等. 双疏性表面处理预防致密储层水相圈闭损害实验研究 [J]. 天然气地球科学，2009，20 (22)：292 ~ 296.

[117] 王庆军，陈庆民. 超疏水表面的制备技术及其应用 [J]. 高分子材料科学与工程，2005，21 (2)：6 ~ 10.

[118] 李艳. 与 MMH 钻井液配伍的降滤失剂的研制 [J]. 钻井液与完井液，1998，15 (1)：30 ~ 33.

[119] 蒋官澄，黎凌，李颖颖，等. 气润湿性对蒙脱土性能的影响 [J]. 油田化学，2013，30 (3)：341 ~ 345.

[120] 彭珏，康毅力. 润湿性及其演变对油藏采收率的影响 [J]. 油气地质与采收率，2008，15 (1)：72 ~ 76.

[121] ADIBHATLA B, MOHANTY K K, BERGER P, et al. Effect of surfactants on wettability of near-wellbore regions of gas reservoirs [J]. J Pet Sci Eng, 2006, 52 (1): 227 ~ 236.

[122] 杨承志. 化学驱油过程中表面活性剂损失的机理及抑制途径Ⅱ - 抑制方法 [J]. 油田化学，1989，2 (2)：145 ~ 154.

[123] 孙传尧，印万忠. 硅酸盐矿物浮选原理 [M]. 北京：科学出版社，2001：22 ~ 24.

[124] 刘宏光，顾福铭. 表面活性剂的红外光谱分析 [J]. 皮革化工，1996 (4)：19 ~ 21.

[125] 张琴芝，戴琴，陈方楠. 表面活性剂的红外光谱鉴定 [J]. 日用化学工业，1992 (2)：37 ~ 46.

[126] 陈集，饶小桐. 仪器分析 [M]. 重庆大学出版社，2002.

[127] 宦双燕. 波谱分析 [M]. 北京：中国纺织出版社，2008.

[128] 陈洁，宋启泽. 有机波谱分析 [M]. 北京：北京理工大学出版社，1996.

[129] 萨特勒 (Sadtler) 标准红外光谱图，published by Bio-Rad laboratories, Inc.

[130] http://bbs. instrument. com. cn/shtml/20100605/2595742/.

[131] 朱步瑶，赵振国. 界面化学基础 [M]. 北京：化学工业出版社，1996.

[132] 毛逢银，黄小兵，曹理兵，等. 表面活性剂及复配在云母片上吸附的 AFM 研究 [J].

润滑与密封，2006（8）：115～117.
［133］吴浚瀚，成英俊，戴长春，等．云母和石墨表面结构的激光检测原子力显微镜研究［J］．科学通报，1997，38（10）：904～905.
［134］党国全．原子力显徽镜在气相和液相下的成像分析［D］．沈阳：中国医科大学，2009.
［135］屈钧娥．缓蚀剂界面行为与缓蚀机理的电化学及 AFM 研究［D］．武汉：华中科技大学，2005：9～11.
［136］刘雪芬，康毅力，罗平亚，等．氟化物对致密砂岩气体渗流能力的影响［J］．石油学报，2015，36（7）：995～1003.
［137］屈钧娥，邹其超，王艳淼．POSS 聚合物微观结构的原子力显微镜研究［J］．电子显微学报，2008，27（3）：197～201.
［138］陈昌水．AFM. IPC－208B 型原子力显微镜的改进及其在纳米材料学方面的应用［D］．重庆：重庆大学，2007：9～10.
［139］屈小中，原子力显微镜在高分子领域的应用［J］．功能高分子学报，1999，12（2）：218～224.
［140］艾俊哲，郭兴蓬，屈钧娥，等．胺在电偶电极表面的吸附行为［J］．物理化学学报，2005，21（10）：1096～1101.
［141］Bi Z C，Qi L Y，Liao W S. Dynamic Surface Properties，Wettability and Mimic Oil Recovery of Ethanediyl-α，β-bis（cetyldimethylammonium bromide）on Dodecane Modified Silica Powder［J］．Journal of Materials Science，2005（40）：2783～2788.
［142］姚同玉，姚风英，李继山．阳离子表面活性剂在不同砂岩表面的吸附与吸附焓变研究［J］．石油钻采工艺，2008，30（2）：82～85.
［143］李楠．低渗透油层新型表活剂驱提高采收率实验研究［D］．大庆：大庆石油学院，2005.
［144］王三乐，王琮．用于提高原油采收率的井底油层段的憎水处理［J］．国外油田工程，2005，21（6）：5～6.
［145］陈兰，孙铭勤，董雯．砂岩－非离子表面活性剂的润湿性及酸液助排性能［J］．承德石油高等专科学校学报，2008，10（3）：9～13.
［146］刘雪芬．双疏性氟化物预防致密砂岩气藏相圈闭损害机理研究［D］．成都：西南石油大学学位论文，2011.
［147］Kumar K，Dao E K，Mohanty K K. Atomic Force Microscopy Study of Wettability Alteration of Surfactants［J］．SPE Journal，2008，13（2）：137～145.
［148］J Sheng，D Morel，P Gauer. Evaluation of the Effect of Wettability Alteration on Oil Recovery in Carbonate Reservoirs［C］．AAPG GEO 2010 Middle East Geosciences' Conference & Ex-

hibition, Manama, Bahrain, March 7 ~ 10, 2010.

[149] Li Jing quan, Wang Wei, Gu Yongan. Dyanmic Interfacial Tension Phenomenon and Wettability Alteration of Crude Oil-Rock-Alkaline-Surfactant Solution Systems [C]. SPE 90207.

[150] Mehdi Salehi, Stephen J Johnson, Jenn-Tai Liang. Mechanistic Study of Wettability Alteration Using Surfactants with Applications in Naturally Fractured Reservoirs [J]. Langmuir, 2008, 24 (24): 14099 ~ 14107.

[151] 刘雪芬，康毅力，罗平亚，等界面修饰对致密砂岩气藏微孔系统渗流的调控 [J]. 油田化学，2015，32 (1)：137 ~ 140.

[152] Salehi M, Johnson S J, Liang J-T. Enhanced Wettability Alteration by Surfactants with Multiple Hydrophilic Moieties [J]. Journal of Surfactants and Detergents, 2010, 13 (3): 243 ~ 246.

[153] Omolbanin Seiedi, Marziyeh Rahbar, Moein Nabipour, etal. Atomic Force Microscopy (AFM) Investigation on the Surfactant Wettability Alteration Mechanism of Aged Mica Mineral Surfaces [J]. Energy Fuels, 2011 (25): 183 ~ 188.

[154] Liu Xuefen, Pingya Luo, Yili Kang, Lijun You, Yun Tang, Lie Kong. Mechanisms of wetting modification by fluoride to mitigate phase trapping, Journal of Natural Gas Science and Engineering, 2015, 2015 (26): 494 ~ 501.

[155] 计玲，陈科贵，王刚，等. 岩石润湿性机理研究 [J]. 西部探矿工程，2009 (7)：100 ~ 102.

[156] 赵宁，卢晓英，张晓艳，等. 超疏水表面的研究进展 [J]. 化学进展，2007，19 (6)：860 ~ 871.

[157] 刘雪芬，康毅力，罗平亚，等. 致密砂岩储层水相圈闭损害及防治方法探索 [J]. 油田化学，2017，34 (2)：211 ~ 216.

[158] 胡勇，李熙喆，李跃刚，等. 低渗致密砂岩气藏提高采收率实验研究 [J]. 天然气地球科学，2015，26 (11)：2142 ~ 2148.